"十三五"普通高等教育本科部委级规划教材

模特礼仪修养

MODEL ETIQUETTE CULTURE

李玮琦　姚美子　高　洁 ｜ 编著

中国纺织出版社

内 容 提 要

本书为"十三五"普通高等教育本科部委级规划教材。

本书依据个人礼仪、社交礼仪、商务礼仪、家庭礼仪等研究内容，提出适合模特礼仪教育和指导的方法，在举止礼仪、服饰礼仪、餐饮礼仪、日常生活礼仪、会面礼仪、交谈礼仪、工作礼仪等方面进行详细讲解，旨在使模特努力加强自身修养，从而完成自我价值的实现，取得学业及事业的成功。

本书既可作为高等院校服装表演专业教材，也可供行业相关人士学习和参考。

图书在版编目（CIP）数据

模特礼仪修养 / 李玮琦，姚美子，高洁编著 .-- 北京：中国纺织出版社，2019.8 （2024.7重印 ）

"十三五"普通高等教育本科部委级规划教材

ISBN 978-7-5180-6184-6

Ⅰ.①模… Ⅱ.①李… ②姚… ③高… Ⅲ.①时装模特—礼仪—高等学校—教材 Ⅳ.① TS942.5 ② K891.26

中国版本图书馆 CIP 数据核字（2019）第 087670 号

策划编辑：魏 萌　　责任编辑：杨 勇
责任校对：楼旭红　　责任印制：王艳丽

中国纺织出版社出版发行
地址：北京市朝阳区百子湾东里 A407 号楼　邮政编码：100124
销售电话：010—67004422　传真：010—87155801
http://www.c-textilep.com
E-mail: faxing@c-textilep.com
中国纺织出版社天猫旗舰店
官方微博 http://weibo.com/2119887771
北京虎彩文化传播有限公司印刷　各地新华书店经销
2019 年 8 月第 1 版　　2024 年 7 月第 3 次印刷
开本：787×1092　1/16　印张：10.75
字数：201 千字　定价：42.00 元

前　言

中国是具有五千年文明的历史古国，素以"礼仪之邦"著称。礼仪文化源远流长，作为中国传统文化的一个重要组成部分，几千年来形成了高尚的道德准则和完整的礼仪规范，对中国社会历史发展起到了广泛深远的影响。

模特行业有着不同于其他行业的特殊性，职业特点决定模特在工作和人际交往中注重礼仪的重要性。在模特的培养中重视礼仪文化教育，能够加强模特的内在修养，从根本上促进和提高模特的综合素质，使之更好地适应职业环境，以更加积极的方式去应对生活及职业发展中的各种挑战，最大限度地发挥模特的表演才能。

在我国经济蓬勃发展、蒸蒸日上的今天，礼仪却被许多人忽视，社会上经常出现道德低下、文明沦丧的现象。作为一名模特，应该继承和发扬中华民族礼仪文化的光荣传统，崇尚礼仪，推行礼仪，践行礼仪。通过学习礼仪文化，提高个人文明素质和建立扎实得体的个人良好形象，取得个人职业发展的成功。同时，模特作为时尚的引领者，还应通过美好正确的言行，影响他人共同净化社会风气，推进社会精神文明。

礼仪是模特必须具备的基本素质，在工作及社会交往中，协调人际关系，提高自我发展等方面，发挥着积极作用，也是模特事业成功的必要条件。近年来随着中国模特行业的发展，模特从业压力和竞争力在不断提高，礼仪修养的差异也导致了模特在职场中表现形态的不同，这就要求模特不断提高自身综合素质，学习并掌握相应的礼仪知识，发展自我职业生存能力，以适应职业竞争。

本书注重把个人的内在修养与外在形象训练相结合，培养模特礼仪意识，从而提高个人综合素质，使模特从个人修养、审美、心智等方面得到提高。

高校成立服装表演专业，旨在于培养受高等教育的职业模特，基于此，本书中"模特"一称将涵盖职业模特和高校服装表演专业学生。

　　本书编写分工：李玮琦负责整体构思、统稿及全文撰写，姚美子、高洁负责资料的收集整理。

李玮琦

2019 年 1 月

教学内容及课时安排

章／课时	课程性质／课时	节	课程内容
第一章 /4	基础理论 /4	·	礼仪概述
		一	礼仪的起源与发展
		二	礼仪的界定与特点
		三	礼仪的原则、作用及要求
		四	礼仪的内容和学习方法
第二章 /4	社交礼仪 /16	·	举止礼仪
		一	站姿礼仪
		二	坐姿礼仪
		三	蹲姿礼仪
		四	走姿礼仪
		五	手姿礼仪
		六	微笑礼仪
		七	注视礼仪
第三章 /4		·	服饰礼仪
		一	服饰种类概述
		二	着装的原则
		三	男士服饰礼仪
		四	女士服饰礼仪
		五	服饰色彩应用礼仪
		六	配饰礼仪
		七	香水使用礼仪
第四章 /4		·	餐饮礼仪
		一	宴会种类
		二	宴请礼仪
		三	受邀礼仪
		四	西餐礼仪
		五	中餐礼仪
		六	自助餐礼仪
		七	饮酒礼仪
		八	饮茶礼仪
		九	饮咖啡礼仪

章 / 课时	课程性质 / 课时	节	课程内容
第五章 /4	社交礼仪 /16	·	日常生活礼仪
		一	家庭礼仪
		二	交通出行礼仪
		三	公共场所礼仪
		四	校园礼仪
		五	生日、婚丧礼仪
第六章 /6	职业礼仪 /20	·	会面礼仪
		一	握手礼仪
		二	致意、行礼的礼仪
		三	交换名片礼仪
		四	介绍礼仪
		五	称谓礼仪
		六	拜访礼仪
第七章 /4		·	交谈礼仪
		一	礼貌用语
		二	交谈主题
		三	提问与回答
		四	怎样倾听
		五	交谈的具体方法
第八章 /10		·	工作礼仪
		一	接打电话礼仪
		二	收发传真、书信、电子邮件礼仪
		三	网络礼仪
		四	演出交往礼仪
		五	面试礼仪
		六	试装礼仪
		七	排练礼仪
		八	演出礼仪
		九	拍摄礼仪
		十	参赛礼仪
		十一	接受采访礼仪

注 各院校可根据自身的教学特点和教学计划对课程时数进行调整。

目　录

职业礼仪

基础理论

礼仪概述

课题名称： 礼仪概述

课题内容： 1. 礼仪的起源与发展

2. 礼仪的界定与特点

3. 礼仪的原则、作用及要求

4. 礼仪的内容和学习方法

课题时间： 4课时

教学目的： 使学生了解礼仪的基础知识

教学方式： 理论讲解

教学要求： 重点掌握礼仪的原则、作用、要求及学习方法

课前准备： 提前阅读礼仪传统文化内容

第一章 礼仪概述

第一节 礼仪的起源与发展

礼仪是人类文明和社会进步的重要标志，是一种以道德为内在基础的文化。在人类不同的发展时期，都有与之相应的礼仪。

一、中国礼仪的起源与发展

中国自古就是一个讲究礼仪的国度，素有"礼仪之邦"的称谓。华夏民族的礼仪文化源远流长，了解礼仪的起源与发展，有利于认识礼仪的本质。据考古学、民俗学等方面的材料证明，原始社会生活中已经出现了礼仪的初级形式。由于当时生产力极端低下，人类的生存环境极其恶劣，人们面对大自然中的日月星辰、风雨雷电、山川河流、凶禽猛兽，充满困惑、恐惧和崇拜。为了解释和探索大自然的神奇，原始人把自然现象拟人化，认定万物有灵，一切都是由神灵主宰、控制，只要讨好神灵，就可以趋福避祸，得到庇佑，于是向神灵献礼，也就出现了祭祀。古汉字中，礼写成"禮"。右侧偏旁"豊"是指祭祀的器皿与祭品，左边部首"示"表示神灵。我国第一部字典《说文》中有"礼之名，起于事神"，意为礼仪起源于祭祀神灵。随着对神灵的尊重逐渐发展，人们的意识由对神的祭礼逐渐扩展渗透到世俗社会活动之中。中国古代"社稷"是国家的代名词，这是因为农耕社会人们特别珍视土地。社，是指用来祭祀土地神的场所。稷，代表谷物，是国民生存和发展的基础。人们想要表达国家长治久安的美好愿望，于是就出现了崇拜和祭祀社稷。

原始社会的宗教礼仪、婚姻礼仪等已具雏形。据考证，距今约 50 万年前的北京山顶洞人在族人死后，要举行宗教仪式；到了新石器时代晚期，人们在人际交往中开始注重尊卑有序、男女有别，男女成年时会举行成年仪式；炎黄五帝时期，礼仪内容日渐丰富且严密；尧舜时期，国家已具雏形，典籍中有了"五礼""五典"之说，"五礼"即吉礼、凶礼、军礼、宾礼、嘉礼，"五典"即父子有亲、君臣有义、夫妇有别、长幼有序、朋友有信。

夏商周时期，我国传统礼仪进入飞速发展阶段。这一时期，礼仪被典制化，内容涵盖政治、宗教、婚姻、家庭等各个方面，奠定了华夏礼仪传统的基础。这一时期出现了记载"礼"的书籍《周礼》《仪礼》及其释文《礼记》，这些图书中的"三礼"为中国最早的礼制百科全书，中国后世的礼仪深受"三礼"的影响。

到了春秋战国时期，封建制代替了奴隶制。进入这一时期后，礼仪得到强化，有了很大的发展。孔子、孟子、荀子等诸子百家对礼教进行了研究和发掘，提出了许多经典的礼仪理论，全面而深刻地阐述了社会等级秩序的划分、意义，以及与之相适应的礼仪规范、道德义务。汉代思想家、政治家董仲舒提出了"三纲""五常"之说。"三纲"即君为臣纲、父为子纲、夫为妻纲，"五常"即仁、义、礼、智、信。在中国历史发展的文明进程中，儒家的思想构成了中国传统礼仪文化的基本精神，对古代中国礼仪的发展产生了重要而深远的影响，奠定了古代礼仪文化的基础，成为中国传统礼仪文化的重要组成部分，同时也形成中国人的礼仪文化心理。

到了清朝末期，封建制度被推翻，随着封建社会的衰退，人们的社会生活也发生了重大的变化，封建礼仪进入衰落阶段，传统礼仪文化的繁文缛节和规范逐渐被时代所抛弃。近代中国是半殖民地、半封建社会，清朝的国门被西方列强闯入后，我国传统礼仪文化受到了很大的冲击，礼仪文化又经历了一个重要变革。新文化运动的兴起，也直接为现代礼仪的产生创造了条件。科学、民主、自由、平等的观念和与之相适应的礼仪文化得到传播和推广。

中华人民共和国成立后，确立了新型的社会关系和人际关系，中国礼仪文化进入了一个崭新的历史时期，人与人之间的等级对立关系被平等互助、友好往来、团结友爱的关系所替代。

当今中国，经济迅速发展，精神文明水平日益提高，经过几千年发展积淀下来的体现重要民族精神的中华传统美德，得到了继承和弘扬，只是礼仪的形式开始趋于简化，因为繁杂的礼仪已经不能适应社会生活的需要。随着人们的交际范围增大，交往频率提高，交际礼仪和职业礼仪的内容日渐丰富。社会开放以及世界全球化发展趋势，使得大量的西方礼仪文化被我国吸收和引进。物质水平的提高，使许多礼仪内容和形式不断革新。

二、西方礼仪的发展

西方礼仪最早萌芽于中古世纪希腊，最初为宫廷规矩。"礼仪"一词最早出现于法语中，意思是"法庭上的通行证"，是将"法庭须知"印在或写在证件上，发给并要求进入法庭的每一个人，必须严格遵守法庭指定的规则。之后传入英国，发展成为"人际交往的通行证"，是指人们在公共场合应该有教养的遵守权威的规则和共同的行为准则。后来，经过不断的演变和发展，"礼仪"一词的含义逐渐变得明确并独立出来。

西方的文明史，在很大程度上表现着人类对礼仪发展与演进的历史，诸多哲人、思想家对礼仪都做过精彩的阐述：古希腊哲学家毕达哥拉斯率先提出了"美德即是一种和谐与秩序"的观点；苏格拉底教导人们"要待人以礼"，而且在生活中身体力行，为人师表；亚里士多德说："人类由于善良而成为最优良的动物，如果不讲礼法、违背正义，就会堕落为最恶劣的动物"；古罗马教育家昆体良认为一个人的道德培养、礼仪教育应从幼儿期开始。

礼仪的形成和发展具有时代的特点。古代欧洲的一些国家，贵族阶级为了享有社会特权，借助礼仪把自己和中下级社会阶层的人们分隔开来。可见，礼仪在当时有维护统治阶级等级关系的作用。公元 12~17 世纪，欧洲进入封建社会鼎盛时期，此间制定了严格而烦琐的贵族礼仪、宫廷礼仪等；14~16 世纪欧洲进入文艺复兴时代，该时期出版了礼仪名著《朝臣》《礼貌》，论述了礼仪规范及其重要性；17~18 世纪是欧洲资产阶级革命时代，随着资本主义制度在欧洲的确立和发展，资本主义社会的礼仪逐渐取代封建社会的礼仪；到了近现代，西方各国在社会经济等各方面得到更进一步发展的同时，礼仪也有了新的发展，调整为适应社会平等关系的比较简单实用的规则。

结合古今中外礼仪的发展，可以做如下概括：从广义上看，礼仪是一个社会的典章制度；从狭义上看，礼仪是在社会历史变革、风俗传统、宗教信仰等因素的影响下形成，以建立和谐关系为目的，为人们所认同和遵守的各种礼的行为准则或规范的总和。从本质上看，礼仪可以净化人的心灵，是道德教化及重要表现形式，是一个人的内在修养和外在的素质表现。礼仪是人与人沟通的桥梁，是人际交往中的行为规范准则，是必须遵行的律己敬人的规定形式。

第二节　礼仪的界定与特点

礼仪是人类文明的标志之一，是一个人道德修养的外在表现。良好的礼仪修养是中华传统美德的一个重要组成部分。《荀子·修身》中有"人无礼则不生，事无礼则不成，国无礼则不宁。"

一、礼仪的界定

礼仪是一个复合词语，包括"礼"和"仪"两部分。早期的"礼"和"仪"是分开使用，各有其含义。"礼"是制度、规则和一种社会意识观念；"仪"是"礼"的具体表现形式，是依据"礼"的规定和内容，形成的一套系统而完整的准则。"礼"与"仪"连在一起作为一个词使用，始于先秦诗经《小雅·楚茨》："为宾为客，献酬交错，礼仪卒度，笑语卒获。"意为主客欢聚畅饮，礼仪完全合乎法度，一言一笑都恰当。我国著名历史学家范文澜在《辞经概论》中写道："礼仪合言，皆名为礼，分言之则礼为体，仪为履。"

意思是礼是仪的根本，仪是礼的功用。

1. **"礼"的界定** 随着社会发展，"礼"逐渐发展为三种含义：①等级制度及与其相关的礼节；②尊敬的言语和友善的动作；③礼物，即表示庆贺友好或敬意的所赠之物。发展到近代，礼主要是指人与人之间、人与社会集体之间、社会集体与社会集体之间的礼貌、礼节，表示互相敬重、友善的行为规范和仪式。

礼貌是礼的重要表现形成，通常表现在语言、行为等方面。它要求人们在与他人交往时举止表现应谦虚、恭敬、友好，并力求做到大方得体。礼貌反映一个人的知识和修养水平，是现代人的一项重要素养。

礼节是礼貌的具体表现形式，是指人们在交往过程中，相互表示尊重、祝贺、问候、谢意、慰问及辅以必要行为的惯用形式。礼节是礼貌在言语、行为、仪态等方面更为具体的规定内容，是行为文明的重要组成部分。

2. **"仪"的界定** "仪"的本义指直立的木桩，意为木桩正影子才会正，引申为人的行为准则。在我国，"仪"的概念最早出现在春秋时期，意为仪式、仪文。在封建社会，"仪"的发展具有三种含义：①容貌和姿态；②礼节和仪式；③区分尊卑的准则和法度。发展至今，"仪"成为一种具体形式，主要包括人的仪容、仪表、仪态和具体事务的仪式及相关器物。仪式是礼的表现形式，指在特定场合，为表示隆重、敬意而举行的规范的、具有专门准则的行为活动，如开幕仪式、颁奖仪式、结婚仪式等。礼仪相关器物是指为表达敬意而专门配备的一些物品，如哈达、锦旗、奖杯等。

二、礼仪的特点

礼仪的本质特点是它的文化性，一般而言，礼仪具有以下特性：

1. **时代性** 礼仪作为一种文化存在一定的变异性和现实性，随着社会每发展一个阶段都会出现与之相适应的礼仪规范。礼仪是一个时代变迁的文化缩影，在不同时代因其特殊性，决定了其表现形式的不同。

2. **地域性** 不同的国家、民族、区域基于文化的差异，有着不同内容的风俗习惯和礼仪规范，礼仪也体现出不同的地域特色。基于这一特点，要求在各项礼仪活动中，要十分重视文化差异及礼仪的注意事项，并且恰当地处理礼仪文化冲突问题。

3. **普遍性** 礼仪是人类社会生存的行为规范和制约。无论是古今中外，还是个人或国家，礼仪活动普遍存在，时刻约束着人们的思想行为，其内容渗透到社会的方方面面，从政治、经济、文化等领域，到人们的日常生活。

4. **传承性** 礼仪随着人类历史的不断进步而发展，是一个不断剔除糟粕、继承精华的过程。那些反映人类精神风貌、道德水平的高尚礼仪在一脉相承的过程中得到了继承和弘扬，而那些代表封建迷信的繁文缛节逐渐得以根除。

5. **发展性** 礼仪文化不仅有时代的变化性，随着各国人们交往的不断扩大，文化互相渗透，礼仪变革也朝着符合国际化惯例的方面发展，国际礼仪文化的形成有助于人们走向世界，更好地与国际礼仪文化接轨。但是，无论怎样的变化，人类的礼仪规范一定会更文明、更进步。

6. **实用性** 礼仪不是故弄玄虚、生编硬造、繁冗复杂、虚伪造作，随着社会文明节奏的加快，礼仪文化势必朝着切实有效、实用可行、规则简明的方向发展。

7. **实践性** 礼仪是以对真、美、善的追求为基础，规范并形成人们行为活动的模式，必须通过长期系统的实践过程才能获得并日趋规范。一个人知道什么是该追求的，什么是该摒弃的，才能在实践日常活动中更自觉地约束自己的行为，朝着符合礼仪规范的方向来做自己的行为。

第三节　礼仪的原则、作用及要求

现代礼仪是经过对以往社会礼仪内容、性质的摒弃和完善产生的，符合现实生活中的礼仪规范。现代礼仪必定具备新型的原则、作用及应遵循的基本要求。不同国家、民族的礼仪形式存在很大的差异，各有特点，但基本的原则作用及要求是需要共同遵循也具有普遍指导意义。

一、礼仪的原则

1. **道德原则** 道德原则是礼仪原则的基础，是人与人之间、人与社会之间关系的行为准则和规范的总和，用以评价善与恶、荣与辱、美与丑等观念，并通过社会舆论、人的内在信念及传统习俗的力量，实现对各种社会关系的调整。从某种意义上讲，礼仪是道德的一种外在表现形式，道德是礼仪的前提，礼仪被道德制约。一个人只有具备良好的道德，才会显示出优雅得体的举止，文明礼貌的谈吐。

2. **诚信原则** 在社会交往中，待人要诚实守信。现代社会，诚信是任何个人或团体生存发展及壮大的必要条件。中国传统观念主张"言必信，行必果"，强调的就是做人要有诚信，要信守承诺并努力践约。

3. **尊重原则** 尊重是建立友谊、发展关系的前提，礼仪实质上体现的就是对他人真诚的尊重，向对方表示敬意，同时对方也还之以礼，礼尚往来。任何有礼仪的交往行为，都蕴涵着对彼此的尊重。人际交往中出现傲慢言行和藐视他人的态度，通常都会被视为缺乏礼貌和教养的表现。孟子云"敬人者，人恒敬之"，只有先做到尊重他人，才能受到他人的尊重。只有相互尊重，人与人之间的关系才会融洽和谐。

4. **宽容原则** 宽容他人是礼仪的重要原则，是指不计较个人得失，有包容人的胸怀。宽容是获得友谊、扩大交往的前提，是为人处世的较高境界，也是具备较高修养的表现。

由于生长环境和个性等不同，反映到礼仪上，每个人各有特点，对此要有宽容的原则才能促进彼此间的沟通与交往。要明白"金无足赤，人无完人"，能做到理解和体谅他人，相互包容。民族英雄林则徐写道："海纳百川，有容乃大。"寓意是要有像大海能容纳无数江河一样的宽广胸襟，以包容和融合来形成超常大气。

5. **适度原则**　适度起源于孔子提出的"中庸"，指做事既不要过度，也不要不及，凡事取得平衡，就是礼仪适度的原则。适度的礼仪，是要因时、因地、因事、因人，把交往中的言行举止灵活运用在礼仪所规定的范围之中，合乎事理，恰如其分。与人交往时"不卑不亢"，做到有礼而不拘谨，谦虚而不卑微，稳重而不圆滑。这些分寸的行为把握，必须在长期行为实践中才能逐渐形成。此外，在与他人交往时礼仪的规模、繁简、轻重等都是个人需要注意的。遵循适度原则还要做到以下内容：热情大方，情感适度；坦率真诚，谈吐适度；言符其实，内容适度；优雅得体，举止适度；穿戴适宜，装扮适度。

6. **平等原则**　平等原则是现代礼仪的基础和最深刻的内涵，是有别于以往时代的社会礼仪的最主要的原则。是指人与人的交往建立在互相平等、互相尊重的基础上，不可有厚此薄彼、区别对待的行为表现，要以礼待人，礼尚往来。平等原则的适用范围非常广泛，从家庭、亲友到团体、社会，从国内到国际，礼仪文化都存在着平等问题。

7. **自律原则**　礼仪交往中，不能只要求别人，而不自律。要记住"己所不欲，勿施于人"的古训。尊重别人的同时，还要经常自省自律，即使在独处时，也能以良好的道德规范和行为准则约束自己，并自觉按照礼仪标准去践行。

二、礼仪的作用

礼仪可以使人们文明地进行交际活动，也是塑造个人形象的重要方式，无论个体还是群体，都是凭借礼仪行为面对外在的世界，保持人与人之间相互和谐的联系。礼仪具有规范约束交际活动的作用，可以使交际活动有序开展，能够使交际活动的过程顺畅，并取得交际的最佳效果。礼仪是为了使人的精神得到优雅的体现，有效地展示自己的人性，而不是为了束缚和扭曲人性。英国哲学家弗朗西斯·培根曾说过："行为举止是心灵的外衣"。在礼仪活动中，交谈讲究礼仪，可以变得文明；举止讲究礼仪，可以变得高雅；穿着讲究礼仪，可以变得大方；行为讲究礼仪，可以变得美好。礼仪对人际交往具有独特的功能，甚至关系着交际的成败，所以要重视学习礼仪的知识与方法，并且勤于实践，以便在交际活动中充分发挥礼仪的作用。

1. **提高综合素养**　在人际交往中，礼仪是衡量一个人文明程度的标准，反映其教养水平、气质风度、阅历学识、道德风貌。良好的礼仪是一种资本，可以提高人的内在品格和综合素养，使之具备高尚的精神境界和高品位的文化层次，对于一个人的终身发展都具有重要意义。

2. **自我约束** 礼仪的制定和推行，逐渐形成社会习俗和社会行为规范，对全社会每个人行为都具有很强的约束作用。礼仪在不同时期都成为社会文化的重要组成部分，并形成"传统"的力量，不断地传承沿袭。任何一个不接受礼仪约束的人，社会就会以道德或舆论，甚至法律的手段来对其加以约束。《论语·颜渊》中写道："非礼勿视、非礼勿听、非礼勿言、非礼勿动"指不符合礼仪规定的，不能看、不能听、不能说、不能动。要求人们不管什么时间，什么地点，都应自觉地遵守礼仪规范。

3. **协调人际关系** 注重礼仪是为了顺利交际，礼仪是人际交往的前提条件，是人们互相沟通思想的桥梁，沟通是礼仪的重要功能。礼仪的交流，实际上是情感的沟通，人们借助礼仪来表达自己对别人的尊重、友好与善意，增进彼此之间的了解与信任，形成和谐的心理氛围。礼仪能使陌生人相识相知，还能进一步地加深情谊，进而形成和谐的人际关系。礼仪作为一种规范对人们之间相互关系模式起着约束和及时调整的作用，同时礼仪可以化解矛盾，建立新关系模式，发展健康良好人际关系。

4. **推进社会文明** 礼仪可以提升个人品格和全社会精神文明。普及和应用礼仪知识，提倡礼仪全民化的学习与实施，强化文明行为，提高文明素质，在某种程度上说是社会精神文明建设的一个重要标志。人人尊崇礼仪，以礼相待，自觉地讲文明、讲礼貌、讲秩序、讲道德，做到心灵美、语言美、行为美，整个社会环境会更加和谐温馨。

三、礼仪的要求

1. **尊重习俗** 与人交往，要懂得"入乡随俗"。要尊重和重视不同国家、地域、民族的风俗、习惯、文化和礼节，使自己的言谈举止、待人接物达到合乎礼仪、注重礼仪的实效。了解不同地区的礼仪忌讳内容，做到既不妄自菲薄也不少见多怪，更不能莽撞无礼，指手画脚。

2. **仪态端庄** 优雅的仪态，反映一个人的生活态度和修养、文明程度。具体表现在着装、举止和言辞上。在着装方面，《弟子规》中有要求："冠必正，纽必结，袜与履，俱紧切"。这些规范，对现代人来说，也是仪容仪表的基本要求。得体的着装还要求必须结合自己的职业、年龄、生理特征及所处的环境，不能矫揉造作；在行为方面，要庄重大方，站立要正，坐姿要稳，在公众场合举止不可轻浮，应该从容大方，处处合乎礼仪规范；在言辞方面，首先要做到诚恳，语言直接反映人们的思想和修养，《易·乾文》中有"修辞立其诚，所以居业也"，意思是诚恳地修饰言辞是立业的根基。其次要做到慎言，就是说话一定要谨慎，要视具体情况，恰当表述。

3. **礼貌待人** 礼貌是人际交往友好和谐的道德规范之一，标志着一个社会的文明程度。中华民族历来就非常重视遵循礼规，礼貌待人。具体为待人要真诚、平等，与人为善，尊重他人的意愿，体谅别人的需要和禁忌，不苛求别人。要懂得感恩、回报、礼尚往来，这样，人际交往才能平等友好地在一种良性循环中持续下去。

4. **敬重长者**　我国传统礼仪要求每个人在家庭中要遵从长辈，在社会上要尊敬长辈，这样才能形成有序和谐的伦理关系。上至君王，下至百姓都要身体力行，并且形成一套敬老的规范和养老的礼制。《礼记》记载："古之道，五十不为甸徒，颁禽隆诸长者"，意思是五十岁以上的老人不必亲自打猎，但在分配猎物时要得到优厚的待遇。总之，所有人都要遵循一定的规范，用各种方式表达对老者、长者的尊敬之意，并以此作为衡量一个人是否有修养的重要标志。

5. **女士优先**　"女士优先"的原则起源于欧洲中世纪的骑士之风。由于女性较男性而言，在生理素质上处于劣势，这就需要男性多照顾女士。当今世界，女性的社会地位不断提升，关心、保护女性，为女性排忧解难已成为男士应尽的义务。"女士优先"的原则，其核心精神是希望男士在各种场合，都要对女士以礼相待，从行动上尊重、帮助和保护女性。

第四节　礼仪的内容和学习方法

一、礼仪的内容

礼仪是一门注重实践的综合性学科，以道德为基础，专门研究人的礼仪活动、礼仪规范、礼仪规律。随着社会的发展、文明程度的提高，礼仪的内容也不断地丰富、完善与合理。礼仪成为一个人素质高低的评价尺度，良好的礼仪修养，给人以自信的力量及可贵的尊严。

1. **礼仪构成要素**　礼仪涉及社会生活的各个领域，但是归纳起来主要是由四个要素构成：礼仪的主体、礼仪的客体、礼仪的媒介与礼仪的环境。

（1）礼仪的主体：是指各种礼仪活动的实施者。礼仪主体主要包括个人和组织两种基本类别。当礼仪活动规模较小、较简单时，其主体通常是个人。当礼仪规模较大、较复杂时，其主体通常是组织。缺失了礼仪主体，礼仪活动就不可能存在。

（2）礼仪的客体：即礼仪的接受对象，是礼仪过程的承受方。礼仪客体的范围非常宽泛，除了接受礼仪的个人或组织，其他一切值得尊重的具备真、善、美的东西，如国歌、国旗、英雄纪念碑等都可以成为礼仪客体。礼仪的客体可以是有形或无形的，可以是具体或抽象的，可以是物质或精神的。总之，礼仪的客体无处不在。

（3）礼仪的媒体：指礼仪活动所依托的媒介物。礼仪媒体类型多种多样，具体由人体、物体、事体等构成，并在此基础上形成口头语言、书面语言、形体语言等礼仪媒介系统。在具体操作时，这些不同的礼仪媒介往往是交叉、配合使用的。

（4）礼仪的环境：指礼仪活动得以实施的特定的时空条件。它可以分为礼仪的自然环境和社会环境。诸如气候、地理、时间变化、人际关系等，都可以成为特定礼仪的环境因素。礼仪的环境制约着礼仪的实施，也决定着礼仪的方式。

2. 礼仪的表现形式　随着时代的变迁和发展，礼仪不断变化更新，内容更加完善合理，也更丰富多样，主要有以下表现形式。

（1）礼节：是约定俗成的行为规范，具有严格的礼仪性质，反映着道德原则和人与人之间彼此的尊重原则。现代社会中，礼节从形式到内容都体现出人与人之间的相互平等和尊重。现代礼节的内容包罗万象，体现在多种事物和形式中。不同国家、民族、地区的礼节不尽相同。

（2）礼俗：即民俗礼仪，是礼仪的一种特殊形式，是不同地区在各自的历史发展中逐渐形成的各具特色的风俗习惯。"十里不同风，百里不同俗"，一个小小的村落都可能形成自己的礼俗。

（3）仪式：是礼仪的具体表现形式，是形成礼仪的具体过程。人们在社会活动中，常常要举办各种仪式。仪式往往具有程序化的特点，在现代礼仪中，仪式程序有越来越简化的趋势。

（4）仪表：包括人的仪容、服饰、体态等，是美的外在因素，反映个体的精神状态。仪表美是一个人心灵美与外在美的和谐统一，端庄的仪表既是对他人的一种尊重，也是自尊、自重、自爱的体现。

（5）礼貌：指人的良好言谈和行为，包括口语、书面语和态度、举止的礼貌。礼貌是人的品德修养直接的外现和文明行为的最基本要求。

二、学习礼仪的方法

现今社会，每一个人都或多或少地懂得一些礼仪常识，但正确的礼仪是需要系统全面学习的，具体可以从以下方法入手：

1. 树立正确的道德观　礼仪是一个人心灵的外在体现，人与人的相互了解，一般都是从对方的礼节、礼貌开始的。具备良好礼仪的人，往往会受到欢迎。讲究礼仪的人为人处世举止适宜、态度温和，不会做出使他人厌烦或有损他人情感、利益的事。只有具备了正确的道德观念，才能形成规范的礼仪。

2. 提高礼仪认识　提高礼仪认识是学习礼仪的起点，也是提高礼仪修养的前提和基础。提高礼仪认识是将礼仪规范逐渐内化的过程，通过学习和实践，逐渐构造、完善个体的社交礼仪。礼仪水准的高低涉及一个人的修养水平，只有具备礼仪知识并应用于社会生活实践的人，才能成为一个有道德、有涵养的人。因此，要充分认识学习礼仪的重要性和必要性。礼仪认识提高了，学习礼仪就会成为自觉的追求。

3. 培养礼仪的真诚情感　礼仪学习光有认识还不够，必须投入真诚的情感才能真正遵循礼仪规范，否则会显得刻意、不自然。如果缺少真诚和对他人的关心、尊重，那么一切礼仪都将变成毫无意义的形式。真诚是表里如一，对人坦率正直，以诚相见，是个人修养的基础。培养真诚的情感就是要形成与礼仪认识相一致的礼仪情感。

4. 广泛学习礼仪知识 随着中国的国际地位不断提升，对外交往日渐增多，礼仪也日益国际化，所以有必要多学习，不断提升自己的礼仪修养水平。可以利用图书、电视、网络或通过培训专家、礼仪顾问系统全面地学习礼仪。多学习综合知识，丰富自己的文化内涵，如学一些文学、心理学、公共关系学等，了解各地习俗和风土人情，对于开阔眼界，提高礼仪认识是大有裨益的。但凡举止文明、修养良好的人都是礼仪文化知识丰富的人，这样的人逻辑思维能力强，分析问题透彻，处理事情较为得当，在人际交往中，也一定能彰显出独有的魅力。

5. 注重礼仪实践 礼仪学习需要不断实践应用，只有学用结合，不断地在实践中总结经验、提高运用礼仪的实际水平，才能加深对礼仪的了解，强化对礼仪的印象，更好地理解各种礼仪的要领和内容，并使之指导自己的社会行为。明朝思想家王阳明提出"知行合一"，就是不仅要认识学习，更要实践行动。知识与行为是相互促进的，知而不行是"惰"，行而无知为"盲"。所以要在学习礼仪知识的基础上，进一步加强个人的实践。

6. 锻炼礼仪持久性 礼仪学习的最终目标是始终遵循礼仪规范，保持良好礼仪的稳定性，使礼仪规范变成自觉的行为和习惯，要做到这些没有坚韧的持久性是不行的。持久性能帮助人们克服困难，排除干扰，使礼仪行为长期保持一致，并取得良好的效果。

7. 明确身份定位 在现实生活中，每个人在不同时间、不同场合，由于需要、对象、位置的变化，礼仪的体现应符合对应身份。

8. 做到自觉自省 礼仪修养本身是一个自我认识、教育和提高的过程，如果没有高度的自觉性，就只能流于外在的形式，所以应从小事做起，严于律己，善于自省，处处注意自我检查。自省是一种培养良好礼仪习惯的重要途径，古人强调提高个人修养要做到"吾日三省吾身"。将礼仪真正培养成为个人的自觉行动和习惯做法。严格规范自己的言行，防微杜渐，"勿以善小而不为，勿以恶小而为之。"通过接受礼仪教育，不断提高自我修养，使自己的思想境界和行为不断丰富、提高和升华。

总体来说，礼仪是由一系列的规范、程序所构成的。学习与运用礼仪，既要全面系统，但也不能繁复琐碎，脱离实际，故弄玄虚，否则是不利于礼仪的普及、推广的。

思考与练习

1. 请简述中国礼仪的起源与发展。

2. 请简述西方礼仪的发展。

3. "礼"的含义是什么？

4. "仪"的含义是什么?

5. 请简述礼仪的作用是什么?

6. 礼仪的构成要素是什么?

社交礼仪

举止礼仪

课题名称：举止礼仪

课题内容：1.站姿礼仪

2.坐姿礼仪

3.蹲姿礼仪

4.走姿礼仪

5.手姿礼仪

6.微笑礼仪

7.注视礼仪

课题时间：4课时

教学目的：使学生掌握举止礼仪的详细内容

教学方式：理论讲解

教学要求：重点掌握举止礼仪各项内容的学习方法和注意事项

课前准备：提前预习社交礼仪内容

第二章　举止礼仪

第一节　站姿礼仪

　　站姿，又称为立姿，站相。从一个人的站姿，能够看出个人的精神风貌、健康状态及品格修养。人们常说站有站相，形容女子站姿美是轻盈典雅、亭亭玉立；男子站姿美是稳健挺拔，站立如松。《礼记》上规定："立必正方，不倾听。"指在正式场合时，站立的姿势一定要正，不要歪头探听。正确的站姿会给人以端庄大方、精力充沛、精神向上、信心十足的良好印象。本章涉及的站姿内容不是指模特在舞台上的站姿，而是在日常工作、生活中的站姿。

一、站姿的意义

　　站姿是人在站立时所呈现的最基本的静力身体造型，是身体动态造型的基础。优雅的站姿能衬托一个人超凡脱俗的气质和风度，是培养优美仪态的起点，也是全部礼仪的核心和根本。美国著名作家威廉姆·丹福思说："我相信一个站立很直的人的思想也同样是正直的。"站姿可以体现一个人的精神风貌、健康状态，还能看出一个人的个性特点、心理状态，自信与自卑、开放与封闭，都能在站姿中显现出来。

　　站姿可以表示尊重、恭敬，尤其面对尊者和长者。"程门立雪"这个成语讲述宋代著名学者杨时某日与学友去拜师程颐，恰好程颐在闭目休息，于是"二人遂侍立不去"，恭恭敬敬地站着，等到程颐醒来时，"门外雪深一尺矣"，此后，"程门立雪"的典故就成为尊师重道的千古美谈。《礼记》中有："请业则起，请益则起"，是说向先生请教书本中的问题，要起立；请先生把不明白的地方再讲一遍，也要起立，良好的站姿是表示对老师的尊重。

二、标准站姿

　　无论男士还是女士，立姿的基本要求：从正面观看，头部端正，全身笔直，精神饱满，两眼正视前方，两肩平齐并下沉，两臂自然下垂，身体重心落于两腿正中；从侧面看，下颏微收，挺胸收腹，腰背挺直。标准站姿的要求是头部往上顶，肩部要下沉；腹肌内收、臀肌收缩上提；髋部上提，脚趾抓地。各部位用力对了，才能保持标准站姿。

1. **男士的标准站姿** 男子在站立时，一般应双脚平行开立，双脚间距不超过总肩宽，全身正直，双肩平展，抬头挺胸，下颌微收，双目平视，双腿绷直。双手可自然下垂，也可右手搭在左手上，叠放于小腹前或背于身后。身体重心于两脚中间，不要偏左或偏右，不能挺腹后仰。

如果站立时间太久，可以将左脚或右脚后撤一步，身体的重心落于后方支撑腿上，膝部要注意伸直，但是上身仍须保持挺直，前伸的脚不可伸得太远，双腿可交替位置，但变换不可过于频繁。

2. **女士的标准站姿** 女子在站立时，应显得庄重大方，亲切有礼，秀雅优美，亭亭玉立。身体姿态上，应当保持立直，挺胸收腹，下颌微收，双目平视，面带微笑，双手自然下垂，或相握叠放于腹前。双膝并拢，两腿绷直，双脚可以并拢呈扇形或丁字步。其中扇形要求双脚跟并拢，脚尖打开呈"V"字形；丁字步，是一脚在前，脚跟靠另一脚的足弓处，两脚呈"丁"字形，重心置于后方腿上，前方腿的膝盖可伸直或适度弯曲，弯曲时膝盖稍向内用力，脚跟可微抬起。无论哪种站姿都不能将双腿岔开，膝盖都应尽量靠拢。

三、站姿注意事项

在不同的情况下，站姿有不同要求，需要注意以下内容：

1. **不同场合** 在正式场合，如升国旗、接受颁奖、参加追悼仪式等时，应采取严格的标准站姿，而且神情要严肃。不宜将手插在口袋里或交叉在胸前，也不要做小动作，否则会有失仪态和庄重感；在非正式场合，站立时肌肉可适当放松，身体保持自然挺直，双脚的位置较自由，既可并站，也可一前一后，但身体要保持挺拔、优雅的站姿，女士的双腿尽量不要分开。

2. **与人初次见面或交谈** 与人初次见面，不论握手或鞠躬，双足应当并立或分开不超过10厘米，膝盖要挺直。面向对方，站立姿势要正，并保持一定距离，不可过远或过近，一般与人之间的距离应保持在1米左右。

另外与人交谈时还要注意不能斜靠在身旁的树干、墙壁、栏杆上；不能歪头、缩颈、耸肩、塌腰、撅臀、身体晃动、抖腿；不可与他人勾肩搭背；不能做小动作，如摆弄手指、玩弄手中物品等；手可以摆出优美的造型，但不能做作。

身体的不同姿势，可以表达相对应的语言信息，例如，胸背挺直、双目平视，可以表现出充分的自信，并给人以气宇轩昂、乐观开放的感觉；面对尊者或长辈时，上体稍前倾，可以表现出敬意；频繁变动体位，长时间低头或看向别处，眼神游离不定，会给人不耐烦或心不在焉的感觉；双手抱胸，会有审视或排斥的态度；女性两臂交叉在胸前，会给人以很强的防范意识的印象；踝关节交叉，有态度上保留意见或轻微拒绝的感觉；背手站立，表明自信心很强，喜欢把握控制一切和居高临下；单手或双手叉腰，会给人挑衅的感觉；手插入口袋里，会给人过于随意的感觉；含胸驼背、身体歪斜，会给人无精打采、消沉封闭，或沮丧苦恼的印象；两脚分得太开或交叉两腿而站会给人轻浮的感觉；谈话时手势幅度过大，会给人夸张的感觉。

四、站姿训练方法

优美挺拔的站姿可以通过靠墙训练：背墙站立，脚跟、小腿、臀部、背部、双肩和脑后紧靠墙壁。头和肩平正，双肩下沉，挺胸收腹，脖子向上拉直，头顶上悬，重心上拔；两眼平视，下巴自然微收；躯干和腿伸直、膝盖尽量绷直，向墙壁贴靠用力；大腿内侧夹紧，也可以在两大腿间夹一张纸，保持纸不掉落，以训练腿部的控制能力；头顶要平，可以在头上顶一本书，保持住书在头上的稳定。训练时最好在镜子前面，可以及时观察和调整体态。按照上面的方法经常练习，平时站立多加注意调整姿态，长此以往，一定会形成良好的站姿。

第二节　坐姿礼仪

端庄、优雅、稳重、大方的坐姿可以展现出高雅庄重的礼仪风范，传递友好、尊重的信息。中国自古对坐姿要求极高，从字形上看，"坐"字是两个"人"坐在土上，本义就是坐下来休息，但是从先秦到五代，古人最恭谨的坐姿是跪坐，两膝着地，臀部坐在脚后跟上。跪坐，又称为正坐，是一种坐礼，两人对坐时表示相互敬重和谢意。跪坐在精神上是最大的自我约束和虔诚，在形式上表示最高的敬意和庄严。历经夏商周、春秋战国，长达数千年，中国才出现了简单坐具，又历经秦汉魏晋隋，到了唐代，才有了椅子，直至宋代，人们才彻底摆脱席地而坐。可见，得体的"坐"姿历经了漫长的岁月。中式椅子，不似西式沙发的松软舒适，而是平板、直硬，为的是让坐在上面的人挺直脊背，严肃认真，彰显威仪或恭谨。

一、坐姿的种类

端庄的坐姿可以展现人的良好气质和修养，常用的坐姿有以下种类：

1. *标准式坐姿*　在正式场合入座，要上身挺直，双肩平正，大腿平行于地面，小腿垂直于地面。躯干与大腿、大腿与小腿、小腿与脚均要呈直角，双膝、双脚要完全并拢。

男士将两手放在大腿或座椅扶手上；女士两臂自然弯曲，两手交叉叠放在两腿中部，并靠近小腹，如穿短裙，应将双手放在短裙边正上方，以避免露出底裤。标准式坐姿，男士会显得郑重和认真，女士则显得端庄和稳重。

在标准式坐姿的基础上，男士两膝可左右适度分开，但不可超过肩宽，两脚可自然外展；女士可左脚或右脚向前半脚，呈小丁字步。

2. **前伸式坐姿** 在标准坐姿的基础上，两小腿向前伸出一脚的距离。注意膝盖不能分开，脚尖不要翘起。

3. **交叉式坐姿** 在标准式坐姿的基础上，双膝并拢，两脚踝关节交叉重叠，交叉后的双脚可以内收、斜放和向前浅伸，但不宜向前方远远直伸出去。这种坐姿适用于非正式场合。

4. **屈伸式坐姿** 在标准式坐姿的基础上，大腿与膝盖保持并拢，一脚前伸，全脚掌着地，另一小腿屈回，前脚掌着地。女士尽量双脚并在一条直线上。此坐姿适合坐偏矮的座椅。

5. **后屈式坐姿** 在标准式坐姿的基础上，两膝盖并拢，两小腿后屈，脚尖着地。可分为正后屈式坐姿、侧后屈式坐姿。双脚可完全并拢，也可呈小丁字步或踝部交叉。后屈式坐姿较为适合女士。

6. **斜放式坐姿** 斜放式坐姿适用于穿裙子的女士坐在较低位的椅子时使用。在标准式坐姿的基础上，两小腿向一侧斜出，双膝及双脚并拢，同时向左或向右斜放。也可在此基础上，双脚前后错位，外侧脚跟贴近内侧脚足弓处。注意内侧的大腿与小腿弯曲要成直角，外侧腿的脚面尽量绷直，脚尖方向和膝盖方向一致，可以从视觉上拉长小腿长度。此坐姿只适合女性。

7. **重叠式坐姿** 重叠式即通常所说的"二郎腿"。跷二郎腿通常被认为是一种不庄重的坐姿，但只要掌握坐姿要领是可以展示个人风采和魅力的。两人并坐时，客人在哪一边，就抬哪一侧的腿，即把大腿的外侧朝向客人一方。在标准式坐姿的基础上，上抬的腿重叠落在另一腿的膝关节上边。两脚的脚尖尽量指向相同方向，悬空的脚尖不能上翘，也不可以指向他人，更不能鞋底对着别人。要注意上边的腿尽量向里收，贴住另一腿，男士脚尖自然下垂，女士脚面尽量绷直。女士交叠后的两腿之间没有任何缝隙，双腿可斜放于左右一侧，穿短裙就座不能采用重叠式坐姿。

二、坐姿礼仪要求

1. **入座要求** 在正式的场合，入座时应注意以下礼仪要求：

（1）入座姿势：入座前，如果椅子位置不合适，需要先将椅子挪动到合适的位置，然后入座，注意椅子要轻挪，不能发出拖动摩擦地板的声音；应从座位的左侧入座，注意入座前看清座椅的位置，然后目视前方，保持上身正直入座，不可弯腰低头或回头看座椅，可以用手搭扶座椅的扶手辅助下坐；就座时动作要轻巧、稳重，速度不可过快过猛，尽量不要发出任何响声，坐下后尽量避免拖动椅子移动位置。

（2）注意礼貌：分清长幼尊卑，礼让尊长；在公共场合，要想坐在别人旁边，必须要先轻声征得对方允许；就座时，如果附近坐着熟人，应该主动跟对方打招呼，如果旁边坐着陌生人，也应该点头致意；神态从容自如，与人交谈时，上体和膝关节转向对方，上身仍保持挺直。当坐在对面的是长辈或尊者时，上身应微向前倾，但不要出现弯腰驼背、自卑讨好的姿态，讲究礼仪要不卑不亢，既尊重别人，又不能失去自尊。

（3）注意着装：女士着裙装入座时，先要用双手从后向前拢好裙底边，既避免露出内衣，也防止裙子坐出褶皱，然后舒缓地入座。入座后检查衣裙，可轻微整理，但不可动作过大。穿裙装的女士，切记不可有分腿坐姿。

（4）注意身体姿态：落座后至少10分钟时间不要靠椅背，时间久了，可轻靠椅背；双肩平正放松，两臂自然弯曲，双手自然放在腿上，有扶手时，亦可放在椅子或沙发扶手上，以自然得体为宜，亦可双手相握放在腿上，这种坐姿显得得体大方，注意手心不可朝上；不可将腿平直伸开。坐姿要温文尔雅，轻松自然，要牢记"坐莫动膝，立莫摇裙"。

2. 离座要求　在离座时，应注意以下礼仪要求：

（1）如果提前离席，要向身边的人示意，再起身，不要突然站起。离座时也要从椅子左边离开。

（2）和别人同时离座，要注意起身的先后次序，要礼让年长者和尊者。

（3）起身时，重心平稳站起，动作轻缓，尽量不用手撑住桌面或座椅扶手，注意不要弄响座椅。起身后，双腿并立，身体站直后再从容迈步，不要边离座边迈步，显得仓促不雅。

三、坐姿注意事项

一些人常常会把"坐"理解为是休息，而忽略坐姿的礼仪，甚至出现很不雅观的姿势，给人以缺乏修养的印象。在公共场合要注意以下事项：

1. 头部　头部要端正，和身体在同一直线上，与地面垂直。不能仰头靠在椅背上，或是低头、歪头，不要左顾右盼、闭目养神、摇头晃脑。如果正低头看文件或物品时，有人问问题，回答问题必须抬起头来面向对方，否则会不礼貌。

2. 躯干　坐好后，注意身体直立端正。在正式场合，不要倚靠座椅的背部；不要坐满椅面，应坐在椅子的前1/2至2/3位置，如果是宽座沙发则至少坐1/2，最合乎礼节，注意不要过分浅坐，否则有自卑和谄媚之嫌；坐在椅子的中央部位，不要坐在一边，上身不应过分斜靠在座椅扶手上；切忌不能半躺半坐、歪歪斜斜，或是趴向前方；与人交谈时，勿将上身过于前俯。

3. 双手　入座后，如果需要侧身与人交谈，可以将双手叠放或相握放在侧身一方的腿上；如果身前有桌子，可将双手叠放、相握或分开，以手腕处支撑桌沿，注意不能用手肘撑在桌面上；如果椅子有扶手，正身坐时可以把双手分扶在两侧扶手上，侧身坐时可把双手叠放或相握放在侧身一侧的扶手上，或一手放在扶手上，另一手放在腿上，注意手心不宜向上；就座以后不要用手抚摸小腿或脚部；不要将手夹在双腿之间，更不要将双手压放在臀部下面，看上去显得幼稚、不自信或胆怯害羞，很难取得别人信任；与人交谈时，不要以手支撑下颌。

4. **双腿**　入座后，不能将双腿直直地伸向前方，既影响他人，也有碍观瞻；双脚不要呈外八字形或内八字形，也不要前伸双脚交叉，显得懒散、厌倦；有些人习惯把小腿平架在另一条腿膝盖上，呈"4"字形，这是不雅、无礼，有失身份的举止；不要抖动和摇晃双腿、双脚，或用脚拍打地面，这些会给人以极不稳重的印象，也会令他人反感；公共场合，有人将双脚或单脚搁在前面的桌、椅、栏杆、箱柜上，也有人把一条腿或双腿盘放在椅子上，这些是粗鲁行为，会给人以极为粗俗的印象；另外也要注意不能以脚跟着地而将脚尖翘起、把脚放在座椅下面、脱鞋或半脱鞋、两脚在地上蹭来蹭去、用脚钩住桌腿、将裤脚卷起，捋到膝盖以上，这些都是极为失礼的举止。

第三节　蹲姿礼仪

蹲姿，是人们在日常生活中，捡拾落在地上的物品、整理自己的鞋袜，或整理低处物品时所呈现的姿势。蹲姿是需要注意仪态的，要动作美观，姿势优雅，综合体现人体静态美和动态美，如果随便弯腰，身体的上身前俯、臀部后翘，就会既不得体，也不雅观。

一、蹲姿的种类

1. **高低式蹲姿**　下蹲后，以左脚在前，右脚在后为例：左脚完全着地，小腿基本垂直地面；右脚前脚掌着地，脚跟提起，右膝低于左膝。女士注意两腿靠拢，男士两腿之间可有适当的分开。这种蹲姿最为常用，捡拾物品既方便，又优雅。

2. **单膝点地式蹲姿**　下蹲后，左腿全脚掌着地，小腿垂直于地面，右膝点地，以其脚尖着地，脚跟支撑臀部，双腿一蹲一跪，尽力靠拢。这是一种非正式的蹲姿，只适用于男士。

3. **交叉式蹲姿**　交叉式蹲姿是一种含蓄优美的蹲姿，主要适用于女士，尤其是穿短裙的女士。基本动作是在下蹲时，左脚在前，右脚在后，左小腿垂直于地面，全脚掌着地，右腿屈膝，右膝从后下方向左前侧，伸到左膝下，两膝上下重叠，右脚跟抬起，前脚掌着地，两腿合力支撑身体。

4. **浅蹲式蹲姿**　这是拿取中低位置的物品时采用的蹲姿，双腿并拢浅蹲，上身保持挺直并稍许前倾，大小腿保持钝角。臀部向下，不能翘起。

二、蹲姿的注意事项

优雅从容的蹲姿，可以体现出一个人良好的教养，而不当的蹲姿，会使一个人看上去粗俗、无礼。按照礼仪规范要求，采用下蹲姿势时，应该注意以下内容：

下蹲时应该保持上体直立，不要面对或背对别人下蹲，当面对的前方有其他人时，要侧转身下蹲；女士若穿低领上装，下蹲时应注意用一只手护挡住领口，以避免内衣外露；起身时，先直起腰部，使头部、上身、腰部在一条直线上，再稳稳站起；不要弯腰撅臀，这种姿势是极为不雅观的，对身后的人来说是一种失礼、不敬的行为，尤其是女士，不可采用此种蹲姿；站立或行走中，不要突然快速下蹲，会显得鲁莽和突兀；不要两腿左右分开平行下蹲，这种姿势极不雅观；如果和身边的人同时下蹲，要注意不能离身旁的人太近，尽量保持一定的距离，以免同时蹲下后"相撞"；无论采用哪种蹲姿，女士都应注意将两腿靠拢，臀部向下；任何场合都不要采用蹲姿休息。

第四节　走姿礼仪

行走是人类活动的基本动作之一，在日常生活及社交场合中，最能体现出一个人的风度气质。行走的姿态极为重要，可以反映出一个人的礼仪文化及修养。本章讲授的走姿内容不是指模特在舞台上的走姿，而是在日常工作、生活中及社交场合的走姿。

一、正确走姿

沉稳的走路姿态会给人一种充满自信的印象，给人一种值得信赖的感觉。男士应具有阳刚之美，展现其矫健挺拔。女士应具有温婉知性之美，体现其轻盈秀美。

1. *身体姿势*　良好的走姿应当抬头沉肩、下颌微收，双目平视、挺胸收腹、腰背挺直，不要晃动上身和摇摆双肩，双臂放松在身体两侧自然前后摆动，两手自然弯曲，膝关节与脚尖正对前方，跨步均匀，自然稳健。脚步要利落，不拖沓，行走踏地声音不能过大，步态自然轻松。行走过程中，身体各部位协调配合用力。

2. *行走速度*　行走速度与人的兴奋度成正比，兴奋度越高，动作越积极，速度也就越快，反之就迟缓。一般情况下，行走速度要均匀、舒缓，不可忽快忽慢。

3. *行走节奏、韵律和轻重*　行走中，足弓和足跟腱适当用力，使步伐富有适度的弹性。

手臂应自然、轻松地摆动，使自己走在一定的韵律中，会显得自然优美。否则会失去节奏感，并显得浑身僵硬。脚步的节奏、幅度和轻重，必须同出入场合相适应，要因不同环境而调整。

4. **迈步幅度** 迈步幅度是指行走时，两脚之间的距离。正常行走速度下，步幅是一脚落地后，脚跟离另一脚尖的距离等于自己的脚长，但根据着装和鞋也会有调整。如果穿的是窄裙和足蹬高跟鞋，步幅肯定要小些。如果穿着运动服和足蹬运动鞋，步幅一定会大些。

5. **双脚落位** 双脚落位是指脚落地时的位置。走路时女士最好两只脚内侧所踩的是一条直线，而不是两条平行线，更不能形成过宽的平行线，会有失雅观，且显得男性化。男士可适度分开一些，走成平行线，但不可分开过大。

二、行走的注意事项

1. 行走时的身体姿势

（1）手臂：走路时，应自然地前后摆动双臂，幅度不可过大，前后摆动的幅度不要超过45°，不要内八式或外八式的摆动。女士走路时手臂应在身体两侧小幅度的自然摆动。

（2）躯干：走路的美感产生于和谐用力，行走时保持注意力和身体用力集中，要抬头、挺胸、精神饱满，身体重心可以稍向前倾，有利于移步，但腰和臀部不要落后；腰部不能松懈，不能拖着脚走路，否则会有吃重的感觉；不能步履蹒跚，方向不定，躯干左右摇摆或摇头晃肩；不要低头或头部后仰，躯干的重心不要后坐或前移，使体位失常，更不要扭动腰部和臀部。

（3）双脚：行走时双脚不要呈内八字形或外八字形落地，应该由脚跟落地，再过渡到全脚掌，若脚的外侧落地，长时间会形成罗圈腿；反之，如果长期使用脚掌内侧着地，会造成 X 型腿。正常走路时，脚步要从容和缓，尽量避免急促的步伐，脚掌落地时要适当控制力量，鞋跟不要发出太大声响。

2. **打招呼时的身体姿势** 在行走时，难免会遇到熟人打招呼，要微笑问候，注意身体和头部要同时转动，不能只转动头部用眼睛斜视他人；如果要停下脚步交谈，注意要靠路边，不能影响其他路人的行进；当有熟人在背后打招呼时，为避免紧随身后的人反应不及，一定不要紧急转身；与人告别时，不能转身就走，而应先后退两三步，再转身离开，退步时不能擦拖地面，后退步幅不要过大，要先转身再转头。

3. **赶路时的身体姿势** 行走时，尽量不要在人群中穿行，要注意行走时的先后顺序，不要争先恐后，如出现紧急事情，需要脚步加快速度时，不要奔跑，不然会让周围的人情绪紧张、不知所措。可以选择提高步速、加大步幅。当超越前面挡路的行人时，要说"对不起""借过"等语句，并转身向被超越者致谢。如遇到他人紧急快速行进，要主动让路，给他人带来方便，也体现出自己的良好修养。

4. **不同场合的行走** 进入不同场合，要注意调整走姿：进入安静环境，如图书馆、博物馆、病房等地，脚步应轻缓，不要发出突然的声响；参加婚礼或庆典类喜庆活动，步态要轻盈、欢快；参观吊唁活动，要步履沉重缓慢，体现出忧伤悲痛的情绪；进入办公场所或登门拜访，脚步应轻稳；作为主人迎向宾客时，步伐要稳健、大方，充满热情；陪同他人参观时，要引领并照顾他人行走速度；出席重大场合，脚步要稳健，不能表现出急促的步伐；工作过程中，步伐要快捷轻稳、高效干练。

5. **其他注意事项**　行走在路上，要靠右侧行走，保持一定的行走速度，不能阻挡他人正常行走；引导他人前行时应走到客人的左侧，将身体稍向右转朝向客人，并在引导中辅以手势；在较窄的小路、走廊与他人相遇时，要侧行；多人一起行走时，注意不要三五成群，勾肩搭背，高声谈笑，也不要排成横队，显得既不雅观也有碍于他人行进；行走时不要低头看地面，也不宜左顾右盼，经过玻璃窗或镜子前，不可停下梳头或补妆。

三、走姿训练

1. **摆臂训练**　原地站立，双脚不动，身体挺直，双肩放松下沉，以手腕带动手臂自然前后摆动，可以纠正双手横摆或双手摆幅不等的现象。注意手臂摆动的幅度，动作不要僵硬。当动作正确熟练后，可在此基础上原地踏步，做摆臂练习。

2. **步幅训练**　可以采取自我测量法，具体做法：测量一条 10 米长的直线，从起点走向终点，记清步数，再用 10 米除以步数，得出每一步长度，再减掉脚长，便可以计算出步幅。根据计算结果，在训练中调整步幅大小。

3. **步位训练**　可以在地面上画一条直线或采用地板之间的直线进行行走练习，可以纠正"内、外八字步态"及双脚分开幅度过大或过小。女士要使自己每一步落地时，脚内侧都落在这条直线上。男士可以走出平行线，但双脚分开幅度不宜过大。

4. **步速和节奏训练**　可以用不同节奏的音乐，配合行走训练，控制自己的步速和节奏。

5. **矫正训练**　行走中要具有一定的稳定性，在训练时，可以将一本书放于头顶。行走时做到头正、颈直、沉肩，目不斜视，呼吸均匀，不让书本掉落。坚持矫正训练可以纠正行走时上下颠颤、左右摇晃、低头、探颈、弯腰、弓背等缺点。另外可以双手叉腰行走，能够纠正行走时摆胯、送臀、扭腰等动作。

第五节　手姿礼仪

手姿，就是手的姿势。手是人体最灵活自如的部位，手姿也是肢体语言中最丰富、最具表现力的姿势，在人际交往中，起到展示形象、传递信息、表达意图和传达感情的重要作用。根据语言专家统计，表示手姿的动词有近 200 个。古罗马政治家西塞罗说过："手姿是人体的一种语言，一切心理活动都伴有手姿动作。"法国画家欧仁·德拉克洛瓦认为："手应当像脸一样富有表情。"可见手姿礼仪的重要性。

手姿并不仅局限于是手的动作，也包含手臂的动作，其中，双手的动作是其核心所在。手姿活动的范围主要有上、中、下三个区域。肩部以上为上区，此区域的手姿动作多用来表达激昂的情绪；肩部至腰部为中区，此区域的手姿动作多表达比较平静的情绪；腰部以下为下区，此区域的手姿动作多表示消极否定的情绪。另外，还有内区和外区之分。内区是指上体外缘以内区域，此区域的手姿状态较为保守；外区是指上体外缘以外区域，此区域的手姿状态较为开放。

一、手姿的作用

手姿既可以是静态的，也可以是动态的。手姿动作由速度、范围和轨迹构成。手姿所构成的语言千变万化，十分复杂，但其作用可被分成四种类型：①传达情感：用于表达情感态度，使其形象化、具体化；②表达象征性：对一些较复杂的情感和抽象的意念概括表达；③表达指示性：主要用于指示具体对象的方位、高低，一般动作简单，不带感情色彩；④表达形象性：模拟物品形状、大小、样式，以给对方一种具体明确的印象。

二、手姿运用

手姿运用得体适度，会在交际中起到锦上添花的作用。适当地运用手姿，可以增强情感的表达。经常运用的手姿包括以下内容：

1. **垂放** 垂放是手部最基本的姿势，双臂及双手自然放松下垂，掌心向内，分别置于大腿两侧。也可双手叠放或相握置于下腹前。

2. **背手** 双臂伸到背后，双手相握，同时昂首挺胸。多用于男士站立或行走。

3. **持物** 手拿物品，既可用一只手，也可用双手。拿重物时，五指并拢，用力均匀。拿轻物时，动作应自然，不要翘起无名指与小指，显得扭捏作态。

4. **鼓掌** 鼓掌是真诚表达欢迎、祝贺、赞赏和支持的手姿。鼓掌时双手位于胸前，左手掌稍向外展，适度放松，右手位置比左手稍高，与左掌相对，左手不动，右掌心向下有节奏地拍击左掌，不可左掌向上拍击右掌。鼓掌要发自内心，体现真诚，时间以 5 ~ 8 秒为宜，要与周围的掌声起落相协调，随自然终止。鼓掌要热烈，但不要过于使劲鼓掌，鼓掌的同时不能有喝彩声或起哄声，这是修养不高的表现。

5. **引领** 各种交往场合都离不开引领动作，如指示方向、引领他人进门、参观、请人坐下等。其动作是将五指并拢伸直，掌心向上，手心不要凹陷，腕关节伸直，以肘关节为轴，朝引领方向伸出手臂。注意，引领他人入座时，如果座位就在近处，而且是低位，手姿要斜向下方；如果指引的座位在远处，如指引客人去洗手间的位置时，要适当抬高手臂，指尖指向目标位置。注意不能伸出一根手指进行引领，这样会显得极为不礼貌。

6. 递接物品　递接物品时要体现尊重，态度谦和，不能心不在焉。应双手递接物品，不方便双手时，可用右手，不可单用左手。双方距离比较远时，晚辈或下属应起身站立，主动走近对方。递送时应使对方方便接拿，向对方递交文件、书籍或卡片时，应该使文字的正面朝向对方；递送水杯的时候应该右手托底，左手扶杯把，方便客人的右手接取；递送笔、剪刀之类的尖头物品时，需要将物品的尖头朝向自己。递送刀具时，应双手托住刀身，刀刃朝向自己，刀背朝向对方。无论传递什么物品，都要举止轻缓柔和。与外宾打交道时，递接物品可先留意对方是用单手还是双手递接，跟着与对方相同动作。泰国、印度、马来西亚和中东等地，人们都用右手拿东西，忌用左手，他们认为左手是用来洗澡、如厕的，左手是不洁净的。日本人则喜欢用右手送自己的名片，左手接对方名片。

7. 挥手道别　身体要站直，不要摇晃和走动。目视对方，不要东张西望。屈肘、抬手与肩同高或略高于肩，五指并拢，掌心朝向对方，指尖朝上，左右摆动手腕和小臂。

手姿是与身体其他部位相互配合、相互协调的，同时也是变化多端的，应在实践中综合掌握，灵活运用。

三、手姿的注意事项

手姿有多种表达功能，传达各种真实的、本质的信息，但是在交往中，要注意克服以下不良的手姿动作。

（1）任何手姿动作力度、速度、时间都要适度。动作幅度要适中，如果幅度过大，会被认为太过张扬浮夸；如果幅度太小，会被认为拘谨局促。

（2）在任何情况下都不要用食指指向自己或他人。伸出手指来指点人，含有教训人的意味。谈到自己时应用手掌轻按自己的胸口部，会显得端庄、大方、可信。指向他人时，应参照引领的手姿。

（3）掌心向上的手姿能体现诚恳、尊重；掌心向下的手姿意味着不够坦率、缺乏诚意；攥紧拳头表示愤怒的情绪。

（4）手姿是无声的语言，所以动作不应复杂，含糊不清，要简单明了，清晰易懂，利于他人理解。手姿要大方得体，与谈话内容一致，并且与谈话者的身份及所在场合相协调。手姿还要与面部表情和谐一致，否则会显得生硬做作。

（5）在公共场合，还要注意以下事项：不要做双臂端在胸前抱起的动作，往往暗含孤芳自赏或袖手旁观之意；不要摆弄手指，会给人不严肃、散漫的感觉；不要当众搔首弄姿，会给人以矫揉造作、当众表演之感；不要用手搔头、剜鼻、剔牙、抓痒、修指甲、搓泥，否则会给人缺乏教养和公德意识，不讲究卫生，个人素质极其低下的印象；不能勾动食指招呼别人。

四、手姿的区域性差异

不同国家、地区、民族，由于历史和文化习俗的不同，手姿的含义也有很多的差别，同一种手姿可能有不同的含义，甚至有相反的含义。所以，在使用时应该注意以上的差异性，才能真正做到入乡随俗。

1. **向上竖大拇指**　这个动作在大多数国家被公认表示"好""真棒"。中国人也常用这个手姿，表示"夸赞"和"认可"；在墨西哥、荷兰、斯里兰卡等国家，表示"祈祷""幸运"；在日本，表示"男人""您的父亲"；在美国、印度、法国，是表示要"搭便车"的意思；在希腊，表示让对方"滚蛋"，是对人的极大的不敬。

2. **向上伸出食指**　在中国以及亚洲一些国家表示数字"一"；在法国、缅甸等国家则表示"请求""拜托"。要注意在任何国家都不能用食指指人，这是一种极不礼貌的动作。

3. **向上伸中指**　单独向上伸出中指在世界绝大多数国家都不是好的含义，普遍用来表示"不赞同""不满"或"诅咒"之意。在美国、澳大利亚、新加坡，意味着侮辱对方；在法国，表示行为"下流龌龊"；在沙特阿拉伯，表示"恶劣行为"；在菲律宾，表示"诅咒""憎恨"和"轻蔑"。不过，在缅甸和尼日利亚，向上伸出中指表示数字"一"，在突尼斯表示"中间"的意思。

4. **向上伸小指**　在中国表示"轻蔑"；在日本，表示"女人""女孩""恋人"；在菲律宾，表示"小个子""年少者""无足轻重之人"；在美国，表示"懦弱的男人"或"打赌"；在尼日利亚，是"打赌"之意；但在泰国和沙特阿拉伯，向对方伸出小手指，表示彼此是"朋友"，或者表示愿意"交朋友"；在缅甸和印度，这一手姿表示"想去如厕。"

5. **"V"型手姿**　伸出食指和中指，形成"V"这个手姿是第二次世界大战时期英国首相丘吉尔率先使用的，造型像字母"V"，是Victory的第一个字母，表示"胜利"与"和平"。不过，做这一手姿时应该手心朝外、手背朝内，在欧洲大多数国家，做手背朝外、手心朝内的"V"型手姿是表示让人"走开"，在英国则指伤风败俗的事，在西欧表示"侮辱""下贱"之意；在希腊无论手心向内还是向外，都代表了视对方为邪恶之人；在中国，"V"型手姿除了表示"胜利"，还表示数字"二"或"剪刀"；在非洲国家，一般表示两件事或两个东西。

6. **"OK"手姿**　就是拇指和食指合成一个圆圈，其余三指自然向上伸直张开。这种手姿源于美国，表示"了不起""赞同"的意思；在中国还有表示"零"或"三"的意思；在法国表示"零"或"毫无价值"；在印度表示"正确"；在日本、缅甸、韩国则表示"金钱"；在泰国表示"没问题"。

7. **招手**　手臂由体前向上抬起，手掌向下，连续做屈伸手腕、手指动作。这种手姿在中国、欧洲的大部分地区以及拉丁美洲的许多国家都表明是在召唤他人，但在美国、日本等国却与此动作相反，他们是用掌心向上，连续做屈伸手腕、手指招呼别人，而在马来西亚等国这种手姿却是用来召唤狗或其他动物的，对人则极不礼貌。

第六节　微笑礼仪

模特表演时脸上没有过多的、丰富的表情，这是因为模特在舞台上要以展示服装为目的，而不是以突出个人形象为目的。有些模特走下舞台后，仍习惯保持脸上冷漠的表情，但实际上，在日常工作和生活中，微笑的作用是巨大的。微笑是一种表达情绪的特殊语言，是人际交往中最简单容易被人接受的途径。不同国家不同民族文化差异很大，但是微笑作为世界通用的体态语言在哪都是表示友好、令人欢迎并让人喜欢的。

一、微笑的作用

1. **微笑能促进人际关系**　微笑是人类表达情感的最好方式，在人际交往中是最常用的礼仪。在与人交往中，微笑的表情、谦和的面孔能传递情感、放松气氛和沟通心灵，是表达温馨、亲切、真诚的重要方式，能瞬间拉近彼此的距离，形成融洽的交往氛围，为双方的沟通扫清障碍。微笑能促使人际交往顺利进行，在赞美别人时，微笑会使赞美更具有诚意；当请求别人帮助时，微笑会使对方更容易接受请求。

2. **微笑能给人良好的第一印象**　第一印象又称首因效应，是指第一次与某人接触时给对方留下的印象。第一印象的作用最强，持续时间也长，且不易更改。心理学研究发现，第一印象是人的普遍的主观印象，产生于初次会面的 45 秒内，会持续影响后续行为。第一印象主要包括性别、年龄、形体、体态、动作、语言、声音、情绪、面部表情、衣着打扮等，以及透射出的内在素养和个性特征。如果初次见面时面带微笑，会给人留下良好的第一印象。

3. **微笑可以化解矛盾**　微笑具有化解僵局、化干戈为玉帛的作用。人们在社会交往中，有时难免会产生误会、矛盾与隔阂，但如果能面带微笑来解决问题，就能够消除双方的戒心与不安，缓解气氛，停止激化矛盾。微笑是具有感染力的，可以创造和谐的交谈基础以及取得对方的信赖感。

4. **微笑可以促进合作**　微笑是一种天然资源，给人留下谦和、亲切的印象，表达理解、关爱和尊重。微笑可以使合作方在心理需求上得到最大限度的满足，有利于合作的顺利进行。微笑给自身带来热情、主动、自信等良好的情绪氛围，处在这一氛围中，心情愉快，工作效率也会随之提高。

二、微笑的要求

1.**表情自然**　微笑是由五官及面部肌肉被自然调动、协调动作来完成的。发自内心的微笑是自然大方的，脸上会出现眼睛略眯起、眉毛轻上扬并稍弯的表情。标准迷人的微笑，是显露出 6~8 颗上牙齿，与下唇轻轻触碰，不要露出牙龈，嘴角微微上扬，幅度不宜过大。微笑时脸部肌肉变化是由神经组织协调自然形成的，不要刻意把脸颊两侧的肌肉上提。

2.**态度真诚**　真诚的微笑，是发自内心的喜悦心情的自然流露，会迅速使双方心理距离缩短。缺乏诚意、强装的笑脸是生硬、虚假的，会使人感到虚伪，只能拉大双方的距离。微笑时要情绪饱满、富有情感，眼睛正视对方，目光友善，眼神柔和坦然，使人感到温暖舒适、自然亲切。需要注意的是，微笑的同时，说话的声音要亲切悦耳、清晰柔和，语速和音量适中，语调平和，语句流畅，具有感染力，让对方听得清楚，态度诚恳，语气不卑不亢。微笑与美好的语言相结合，才能声情并茂，相得益彰。

3.**把握分寸**　微笑时要把握一定的分寸。首先是要把握微笑的时机，在与人交谈时，最好的微笑机会是在与对方目光接触的瞬间展现微笑，这样能够形成友好互动；其次是要把握笑容的层次变化，在交谈中，不同情况下有不同的笑，如微微一笑，哈哈大笑等，不要一直保持同一个表情的笑，会显得刻板僵硬。微笑维持的时间长度适中，既不要过长给人以假笑的感觉，也不能过短、过快给人皮笑肉不笑的感觉，控制在 5~10 秒为宜；不同的场合，微笑也有分寸变化，显示出不同的思想感情，要把握好微笑的分寸，才能显示良好的内在修养。

4.**禁忌事项**　微笑虽然是最好的礼仪，但是也有需要禁忌的事项：避免假笑，就是强颜欢笑、笑得虚假，缺少真实和真诚的微笑，毫无价值可言，这种笑不但不能产生好的作用，反而会给他人留下虚伪的印象；避免冷笑，就是讽刺、不满、不屑或带有怒意的笑，这种笑失去了微笑的意义，表现出的是轻视、狂妄、自大，容易使人感到阴沉并产生敌意；避免怪笑，就是阴阳怪气的笑，这种笑充满威吓、挑衅、嘲讽，容易令人心里不舒服，产生厌烦情绪；避免媚笑，即有意讨好别人的笑，是带有功利性目的的阿谀奉承的笑，这种笑往往令人警惕推拒；避免怯笑，就是因为羞怯，不好意思地笑，笑的时候捂着脸或嘴、视线躲闪、面红耳赤；避免窃笑，就是幸灾乐祸、洋洋自得或看他人笑话时偷偷地笑。以上这些没有善意、友好和不自然的笑，都是失礼之举，要极力避免。

三、微笑练习方法

微笑的意义是众所周知的，所以平时应该适当进行以下微笑练习：

1.**对镜练习**　面对镜子将两侧唇角对称向耳根部上提，发出"一""七""叶""茄"的声音，这些发音可以形成微笑的最佳口型；心里想着愉快的事情，用欣赏的眼光看着自己，练习自己最美的微笑，长此以往，微笑成自然习惯；微笑的时候，如果没有相应的眼神，就不够得体。所以微笑时，眼神要专注且有神采，要热情真诚。在微笑训练中可以采取一种方法，将眼睛以下的脸部挡住，然后练习微笑，要从眼神中看到笑意，就是"眼中含笑"。如果希望眼睛更有神采，可以适当把眼睛睁大一些，但不要扬眉瞪眼，可以对镜用手指压住眉毛，进行睁大眼睛练习。

2. **情绪记忆练习**　就是通过一些诱因，如翻看充满美好回忆的照片，或欣赏易使自己快乐的音乐等，诱导自己回忆那些愉快美好、令人喜悦的往事，将记忆中的情绪唤醒，自然流露出与情绪相应的微笑。

3. **自我提示练习**　在自己经常看得到的地方，写一些"微笑"字样的卡片，如电脑旁、电视旁、餐桌旁、钱包里等，随时随地提醒自己保持微笑。

第七节　注视礼仪

在人类的感觉器官中，眼睛最为敏感，是人体传递信息最有效的器官，据研究，与人交往所的信息中有87%来自视觉，而且能表达最细微、最精妙的差异。眼神是面部表情的第一要素，人的七情六欲都能从眼神中显现出来。孟子写道："存乎人者，莫良于眸子，眸子不能掩其恶。"意思是观察一个人的心灵，没有比观察他的眼睛更好的部位，眼睛是不能掩饰恶意的。

眼神能够最明显准确地展示一个人的心理活动，传达内心的情感。眼神的变化是极为丰富的，印度诗人泰戈尔说："人一旦学会了眼神的语言，表情的变化将是无穷无尽的。"人与人沟通时，只有当眼神有了交流，才算是真正形成了互相沟通的桥梁。人际交往中，有些人会带给他人愉快的感觉，而有些人则会让人不舒服，这往往都是眼神起了很大的作用。因此，掌握眼神的运用，在社交中尤为重要。

一、注视运用

注视运用一般涉及部位、角度、时间、方式、变化等方面：

1. **部位**　在人际交往中目光所及之处，就是注视的部位。注视他人的部位不同，不仅说明自己的态度不同，也说明双方关系有所不同。在一般情况下，与他人相处时，不宜注视其头顶、大腿、脚部与手部，或是"目中无人"。与异性交流时，通常不应注视其肩部以下，尤其是不应注视其胸部、臀部、裆部、腿部。眼睛的注视部位可以根据以下3种不同的情况确定：

（1）正式谈话：在正式谈话的场合中，眼睛的注视部位应是谈话对象额头到鼻子的区域。如果眼睛注视的是这个区域，说明双方的谈话是比较严肃、认真、公事公办，同时也会显得聚精会神，重视对方。另外，在正式谈话时，如果目光始终注视对方的额头到鼻子的区域，就能够争取到话语的主动权，从而居于谈话的优势地位。

（2）非正式谈话：如果谈话的场合是非正式的，比如一般的社交活动中的闲聊，眼睛注视的部位可以是对方两眼与嘴构成的区域。注视对方这个区域，会使气氛比较轻松，当然要不时将注意力放在对方双眼上。

（3）亲密交流：如果谈话对象和自己的关系比较密切，眼睛的注视部位可以是对方眼部至胸部区域，表示亲近、友善，目光可以灵活一些。谈话时，双方要不时地保持目光交流，不能左顾右盼。

2. **角度**　与人交流时，一般要注意视线的角度，即目光的方向，可以体现与交往对象亲疏远近的关系。正确地运用眼神，能准确地表达出对他人尊重与否。在注视他人时，视线的角度有以下几种：

（1）平视：即视线呈水平状态，也称为正视。表示平等、自信、坦率。往往用于在普通场合与身份、地位平等之人进行交往。

（2）侧视：即交往对象与自己在同侧位置，这时要转头面向并平视对方，如果不转头斜视对方，那是很失礼的。

（3）仰视：是居于低处，抬眼向上注视他人，表示尊重、期待，适用于面对尊长之时。

（4）俯视：即视线向下注视他人，一般用长辈对晚辈表示宽容、爱护，也有对他人表示轻视、歧视之意，这要看眼神是否柔和友善。与人交往不要站在高处自上而下地俯视他人。

3. **时间**　在人际交往中，注视对方时间的长短十分重要。在交谈中，听的一方通常应多注视说的一方，但不可长时间地盯视对方。一般情况下，注视时间占全部交流时间的1/2，东方人较为含蓄，一般保持全部交流时间的1/3注视对方，自始至终地注视对方是不礼貌的。请教问题时，注视对方的时间应占全部交流时间的2/3左右，以表示专注和尊重。如果注视时间不到全部时间的1/3，则意味着没有兴趣听对方讲话。在社交场合，无意中与别人的目光相遇不要马上移开，会有躲闪的感觉，应自然对视1~2秒，然后移开，如果是异性，自然对视不可超过2秒，否则将引起对方无端的猜测，必须根据注视对象和场合把握好对视的时间。

4. **方式**　眼神的语言，能透露出一个人的品格与修养。注视他人有多种方式，具体包括以下内容：

（1）直视：也称为对视，即直接地注视交往对象，表明自己严肃认真、尊重坦诚，或是比较关注对方。

（2）凝视：是直视的一种特殊情况，即全神贯注地进行注视，表示专注、恭敬，眼神比直视要柔和。

（3）盯视：即目不转睛长时间地注视某人的某一部位。盯视的眼神有两种：一种是较为犀利，带有挑衅意味。另一种是眼神涣散，注意力不集中，也就是走神了，这两种眼神在交流中都不适宜。

（4）虚视：是看向对方的眼神不集中，目光不聚焦，多表示胆怯、疑虑、疲乏或是失意、无聊的表现。

（5）扫视：即视线在对方身上扫来扫去，上下左右反复打量，常表示好奇、吃惊或审视。扫视是不礼貌，对异性尤其应禁用。

（6）睨视：即斜着眼睛看对方，表示怀疑或轻视，一般应忌用。与初识之人交往时，尤其应当禁用。在和异性交往中，睨视会让对方觉得心怀不轨。在和熟人讲话时，会让人觉得你已经不耐烦了，希望能够快速结束谈话。

（7）眯视：即眯着眼睛看，表示怀疑或因视力原因看不清楚，交流中不宜采用。

（8）环视：一般是在同时与多人打交道或在较大的环境空间中使用，即有节奏地注视不同的人员、事物或方位，表示认真、谨慎、重视。环视众人时，表示自己"一视同仁"。

（9）无视：即在人际交往中闭上双目不看对方，表示疲惫、反感、生气、无聊或者没有兴趣的表情。它给人的感觉是不友好、不接纳和厌烦。

（10）飘视：是指眼神飘忽不定，流露出内心胆小怯懦、缺乏自信或漫不经心，感觉对人很不尊重。

（11）傲视：是以一种居高临下的状态注视对方，给人以傲慢或冷漠的感觉，是无礼的表现。

5. 变化　在人际交往中，视线、眼神都是时刻变化的，具体表现在：

（1）眼皮的开合：人的内心情感变化影响眼睛周围的神经和肌肉变化，从而使眼皮的开合也产生改变，包括开合的大小、开合的速度。

（2）瞳孔的变化：瞳孔的变化反映着人的内心世界，如瞳孔突然变大，散发出光芒，则表示惊奇、喜悦、兴趣盎然。若瞳孔缩小，双目黯然无光，则表示伤感、厌恶、毫无兴趣。

（3）眼球的转动：眼球的转动速度，表明其内心的兴奋及活跃状态。

（4）眼神变化：在人际交往中，眼神的不同变化可表示多种状态和情绪，炯炯有神的目光，体现内心的炙热情感。麻木呆滞的目光，表现心灰意冷的态度。明亮欢快的目光，展现内心的愉悦和乐观。轻蔑傲慢的目光，则拒人于千里之外。阴险狡黠的目光，说明为人虚伪、狡诈。恰到好处的目光应是坦然、亲切、和蔼、有神。

二、注视礼仪禁忌

眼神是一种独特的语言，合理运用，能拥有意想不到的收获。人际交往中，眼神的运用要注意以下的礼仪禁忌：

（1）不能长时间盯视，直勾勾地盯着对方是极其不礼貌的，会引起别人的反感，让人有压迫感，感觉不自在；也不能不看对方，也不能超时注视，这都是失礼的表现。

（2）眼球转动幅度不能过快或过慢，转动稍快表示聪明、有活力，如果太快则表示不诚实、不成熟，给人贼眉鼠眼、轻浮、不庄重的印象。但也不能转动过慢，显得呆板木讷。

（3）在谈话中，如果想要中断对方，可以有意识地将目光稍稍转向他处。当对方口误说了错话时，要用柔和、理解的目光看着对方，不能有嘲笑和讽刺的眼神。

（4）切忌目光冰冷无情。一般来说，过于理性或自尊心过强的人会比较缺少情感变化，眼神也冷若冰霜，让人有距离感。目光温暖柔和会受人欢迎喜爱，如果想要将目光变得柔和，可以对着镜子多加练习，应多和人交往，多说多笑。

（5）尊重不同国家、民族、文化的差异。在美国，一般情况下，男士是不能时间过长盯着女士看的，两个男士之间也不能对视的时间过长；日本人对话时，目光要落在对方的颈部，双目相视是失礼的；在阿拉伯，不论与谁说话，都应看着对方的眼睛。还有部分国家的人忌讳直视对方的眼睛，认为这种目光带有挑衅和侮辱的性质。

三、眼神的训练方法

眼神作为一种无声的语言起着传情达意的作用，有时甚至胜过语音而使人心领神会。正确运用眼神还需要注重训练眼睛的表现力，使自己的眼神更灵活、更富于感染力。

1.眼神的训练　面对镜子，戴上口罩，只露出双眼，然后将自己设定于某种情境中，运用相应的眼神表现并反复练习。把喜、怒、哀、乐、愤怒、忧愁等不同的情绪透过眼神表达出来，也可以通过录像的方式，记录并比较自己眼神的变化。

2.睁眼训练　眼睛睁大，才可以体现出较好的眼神。使眼睛睁大的主要方法是使上眼皮上提，两眼角尾部向上抬起，使眼皮最大限度地打开。需要注意的是，不能瞪眼，不能抬眉。可以面对镜子，用双手按住眼眉，练习睁大眼睛。

3.眼睛亮度训练　在眼睛睁大的基础上，还要使眼神亮度提高，才能具有较好的表现力。这一训练主要是提升眼睛光泽，训练视线焦点的集中。视线焦点聚力不足，就显得人无精打采、松弛无力，眼神黯然无光；视线焦点集中时，眼睛处于一种紧张状态，显得大而有力，这时眼珠的玻璃体和晶体感光度强，眼睛就闪光发亮。训练时可面对镜子，睁大两眼先平视镜中自己的一只眼，有疲劳感后，稍加休息，再换另一只眼进行训练。训练中想象自己看到的是喜欢的人或喜爱的物品，感受眼睛光彩的变化。

4.眼睛灵活度训练　灵活的眼神，会给人一种流动的美感。眼神的训练不仅要将眼睛练得大、亮，同时还要将眼珠练得灵活，具有动人的灵活美。其训练方法，可先做上下左右转动训练，熟练后再加左上、左下、右上、右下，共八个方位的训练，可以顺时针、逆时针的转动，也可以做交叉位置转动。灵活掌握后，可以用眼神在空中写字母，比如写个S，再继续写个H。注意练习时头部不动，只用眼珠转动，同时尽量睁大眼睛。初练时，速度可慢一点，随着灵活度增长逐渐加快。眼睛疲劳时用热毛巾捂住眼睛闭目休息一会儿，也可以在日常饮食上补充含有维生素 A 的食物，有提高眼视力的效果。

5. 提高文化修养

"相由心生"是可以得到验证的，眼神是透射人内心的关键部位，内心的复杂、简单都可以通过眼神忠实、充分的解读和表达显露出来，是很难掩饰的。内心善良的人，眼神也和善；内心狡诈的人，眼神也狰狞。一个人的内心活动，心之所想，以及一个人的聪明智慧透过眼神都可以看出分晓。恰当地运用眼神。除一些眼神运用的技巧外，还需要有良好的个人素质和修养，同时需要有良好的心理素质，还要有丰富的人生阅历，才可能会有更完整的眼神表达。

思考与练习

1. 站姿的意义是什么？

2. 请简述坐姿的礼仪要求。

3. 请简述蹲姿的注意事项。

4. 手姿的作用是什么？

5. 请简述微笑的禁忌有哪些。

6. 请简述眼神的训练方法。

社交礼仪

服饰礼仪

课题名称： 服饰礼仪

课题内容： 1. 服饰种类概述

2. 着装的原则

3. 男士服饰礼仪

4. 女士服饰礼仪

5. 服饰色彩应用礼仪

6. 配饰礼仪

7. 香水使用礼仪

课题时间： 4课时

教学目的： 使学生掌握服饰礼仪的详细内容

教学方式： 理论讲解

教学要求： 重点掌握服饰搭配及色彩运用的方法和注意事项

课前准备： 提前预习社交礼仪内容

第三章　服饰礼仪

　　作为一名模特，在日常工作和生活中，要根据不同的场合，结合自己的形体、形象，进行相应的服饰搭配，展现个人良好的修养、气质及高雅魅力。所以，对服饰礼仪的学习是十分必要的。

第一节　服饰种类概述

一、什么是服饰

　　服饰是装饰人体的物品总称，是人类生活的重要组成元素，起着御寒、遮羞、防护，以及增加人们形貌华美的作用。服饰在《语言大典》中的解释是"指穿戴在人身上的衣着和装饰品。"服饰文明代表人类进化的程度，除了满足人们物质生活需要外，其发展和演变与不同时期的政治、经济、思想、文化、地域、宗教信仰、生活习俗等，都有着紧密联系。中国素有"衣冠王国"的称号，《左传》中记载"服章之美谓之华"。自夏商时期，开始出现冠服制度，到西周时，该制度已基本完善。战国时期，诸子百家兴起，思想活跃，服饰变化日新月异。到了隋唐时期，经济繁荣，服饰愈加华丽，形制开放，甚至有袒胸露臂的女服。宋朝时期，国力减弱，服饰崇尚质朴天然。元代是中国历史上民族融合的时代。明朝时期，服饰恢复汉族的传统，重新制定了服饰制度，风格渐趋保守。清代末期，受西洋文化影响，服饰日趋适体、简洁。发展到现代，服饰主要受欧美风格影响。

二、服饰的分类

　　现代服饰搭配是整体美观的综合体现。服饰包括服装、鞋、帽、袜、手套、围巾、腰带、提包、太阳伞、首饰等。服饰分类，就是将服饰品按着某种特点进行的分别归类。例如，按民族和区域的特点分类，按原料质地性能的特点分类，按经营品种差别分类，按形态差别分类，按专业生产品种的特点分类等等。各种分类标准的方法都是在特定的条件下，结合具体要求来划分的。以下是按用途进行分类：

1.**衣服类** 衣服是指能起遮体、御寒、防护和装饰及美化作用的物品。其主要材料有：纤维类、皮革类、毛皮类等。现代人也将衣服称为衣裳，但衣裳在古代读作衣裳（cháng），衣表示上装，裳表示下装（专指裙子）。生活中有各种各样的场合，因时间、地点、活动内容、性质规格不同，决定了穿着服装的风格、繁简也不同。简单化分，可以分为以下种类：

（1）正式服装：正式服装是指出席隆重场合穿着的服装，是在遵循社会规范和特定国际礼仪或民俗礼仪的前提下，符合礼节、显示品位、体现严肃和庄重，或表示敬意而穿着的服装。

（2）职业装：职业装用于办公或一般性会议。要求着装符合职业形象标准，显示职业特点、职务、身份，遵循标志和统一的原则，受限于工作性质。着装要合体整洁、端庄优雅，注重功能性与统一性。

（3）休闲服装：休闲服装是指家常服装和运动服等，这些服装不应出现在正式场合和办公场所。休闲服穿着较为方便、舒适、轻松、实用，适用于外出旅游、参观游览或运动健身，可以根据自己的特点、爱好进行穿着。

2.**饰品类**

（1）帽类：帽是指能遮盖或保护头部并有美化装饰作用的物品。其材料有：草编类、棉布类、皮革类、毛织类等。包括日常用帽：草帽、牛仔帽、无檐帽等；仪礼用帽：礼帽、仪式用帽等；运动帽：游泳帽、登山帽、滑雪帽等；民族用帽：回族帽、蒙古族帽等；工作泳帽：防护帽、军帽、警帽、医务帽等。

（2）鞋类：指有保护足部并起装饰美化作用的服饰品。其主要材料有：皮革类、棉布类、塑料类等。包括日常用鞋：帆布便鞋、平底便鞋、凉鞋、拖鞋等；运动用鞋：足球鞋、篮球鞋等；工作用鞋：护士鞋、劳保鞋等；舞台用鞋：歌舞鞋、戏剧鞋等。

（3）首饰类："首"是头的意思，"首饰"顾名思义是头上的装饰品。但现如今首饰已经泛指佩戴在人体各部位上的装饰物品。其主要材料有：兽骨类首饰、贵金属类首饰、珠宝玉器类首饰等。包括头饰：发带、耳环、头簪等；颈饰：项链、项圈等；胸饰：胸针、领带夹胸花等；腰饰：腰链、皮带扣等；腕饰：手表、手镯、手链等；指饰：戒指、甲饰等。脚饰：踝环、脚镯等。

（4）腰带类：腰带是指作为束腰系裤及装饰美化用的服饰品，主要材料有：皮革类、丝麻织物类、塑料类、金属类等。常用腰带包括：链状腰带、宽腰带、束腰窄带等；运动用腰带包括：柔道腰带、相扑腰带等；工作用腰带包括：军用腰带、警用腰带等。

（5）手套类：手套是指套在手上起防护及美化作用的服饰品。其主要材料有：皮革类、棉布类、尼龙类、毛织物类等。日常用手套包括：连指手套、五指分开式手套等。仪礼用手套就是礼服手套，一般为白色。运动用手套包括：冰球运动手套、拳击运动手套等；工作用手套包括：劳保手套、防护手套等。

（6）袜类：袜是指遮盖脚和腿的全部或一部分并起到美化作用的服饰品。其主要材料有：棉类、毛线类、尼龙类等。日常用袜包括：短袜、连裤袜、高筒袜等；运动用袜包括：

护腿长袜、吸汗袜等。

（7）头巾类：头巾是指围披在头、颈、肩部位上具有实用、美化、装饰作用的服饰品，根据不同的需要，有不同的花式。其主要材料有：丝绸类、毛织类、尼龙类等。包括围巾：长巾、方巾等；披肩：大披肩、小披肩等。

（8）附属品类：附属品是指随身携带的具有实用和装饰作用的物品。包括眼镜：墨镜、近视镜、花镜等；表：手表、怀表、项链表等；包袋：公文包、书包、坤包、手袋等；手杖：拐棍、文明棍等；伞：太阳伞、雨伞等；领带领结；口罩：防护用口罩、装饰用口罩等；笔：钢笔、圆珠笔等；扇子：折扇、圆扇等；烟具：打火机、烟盒、烟斗等。

第二节　着装的原则

着装可以真实地传递出一个人的修养、性格和气质，不但要与自己的形体、形象条件相符合，还要依据一些重要因素对着装形成具体要求。要使着装得体，个人形象具有高雅魅力，应遵循以下不同原则：

一、TPO 原则

TPO 是三个英文单词 Time(时间)、Place(地点)和 Occasion(场合)的开头字母的缩写，就是人们在选择和穿着服装，佩戴首饰、配件时，应随着时间、地点、场合的变化而选择穿戴。

1. **时间**　人们着装要随时间的变化而变化。一年之中有春、夏、秋、冬四季，人们的生理及心理需求也各有不同。夏天的服饰应以凉爽为原则，冬天的服饰以保暖为原则。服饰颜色也应考虑季节的变化，春装色彩明艳，秋装色彩丰富，夏装色彩以清凉浅色为主，冬装色彩则深沉稳重。一天之中有清晨、中午、晚上，着装也应各不相同。在佩戴首饰上，颜色浓重的首饰，主要适合于秋冬等较为寒冷的季节佩戴，而浅色简洁的首饰，则比较适合于春、夏等季节佩戴。

2. **地点**　地点是指人在不同的场所要穿戴与之相协调的服饰。如在家待客、出外游玩、运动场锻炼、办公室工作，都应当穿戴相应的服饰。到国家或民族，要顾及当地人民穿着的传统和风俗习惯，并根据地理位置和自然条件的要求来着装。

3. **场合**　场合是指人们的穿着打扮，在面对不同的场合时，应当有所不同。一般说，应事先有针对性地了解活动内容和参加人员的情况，挑选穿着合乎场合的服饰，与气氛相融洽。如在正式严肃的社交场合，着装应庄重大方；在休闲的时候，可穿上简洁、轻松的便装，如果是西服革履，反而破坏了休闲的氛围。

二、整体性原则

正确的着装，包括服装及饰品的风格、色彩、质地等，能结合自身形体、容貌形成一个和谐的整体美。培根说"美不在部分而在整体"，着装的整体美还由内在美与外在美构成。外在形体、服饰，与内在精神、修养的美相结合，才能体现一个人的气质韵味。

三、协调性原则

服饰搭配要以协调为宜，要与其职业、年龄、形体、肤色和环境等相适应，表现出一种和谐美。穿着要与职业相协调，如一名幼儿园老师的穿着应该活泼、可爱，才会受小朋友欢迎，而一名大学教师的着装应以稳重、沉着、端庄为宜；着装应与年龄相符合，例如，少女穿超短裙会显得朝气、热情，而中年妇女穿上则显得不够稳重端庄；服饰是个体形象塑造的重要组成部分，根据自己的体形特点，扬长避短是服饰选择与搭配的原则，所以要客观地认识自己的形体、形象并通过服饰来调整；根据肤色选择服装，中国人的皮肤颜色多偏黄，色彩暗淡的衣服会让人缺少生气，尽量穿着暖色调的衣服，能帮助呈现健康的状态；穿着要与环境相协调，参加喜庆活动可以穿得鲜丽一些，悲伤场合则要穿得肃穆一点。

四、其他原则

1. **整洁合体**　服装穿着如果不整洁，再好的服装，也起不到美化仪表的作用，如服装起皱，领子、袖口脏污，身上沾有油污，这些都不能登大雅之堂；衣服裁剪要合体，穿着过于肥大显得臃肿，穿着过于瘦小则显得不够大方，只有合体才能显出气质美。

2. **款式合时**　时尚在不断变化更新，模特的着装往往快速迎合流行。但不要盲目跟随和单纯复制流行，这往往会掩盖了自己独特的个性美，而应根据自己的消费能力，选择适合自己风格的服装，穿出自己的个性。另外，购买服装要尽量做到"少而精"，要注重品质，而不是注重数量。

3. **注重细节**　服饰搭配，最重要的是注重细节，如穿着大衣、厚重外套以及戴着帽子，进入室内应立即脱下，出门时，再穿戴；不可在人前整理衣裤，更不可在人前更衣；皮鞋应擦拭干净，保持光亮；鞋袜颜色要协调等，服饰搭配不超过三种颜色，是出席正式场合时选配服饰色彩的基本原则。从领口看，由外向内的颜色要逐渐明快，内衣的颜色不能比外衣的颜色深暗。这样做，有助于保持着装得体、庄重的总体风格。另外，要注意上衣和裤子（裙子）、内衣和外衣、服装与鞋、包袋、首饰的色彩都要相互协调。

第三节 男士服饰礼仪

服装有多种类别，要根据不同的场合进行相应的选择搭配，衣着得体才可以显现男士的气质与风度。

一、正装西服

在比较正式的场合，如会见、访问、宴会，以及各类仪式中，男士应该穿正装西服。目前国际上通用的正式套装是西服套装，因为西装设计造型美观、线条简洁流畅、立体感强、对各类体形适应性强，最能体现男士的成熟、稳重以及自信的状态。传统西装有英式、美式和欧式，但不论哪种西装，基本款式始终是不变的，只在开衩部位、领子大小、扣子多少等细节上有所变化。所以，西装的穿着礼仪一直保持严格统一，是男士应该普遍遵守的。西装穿着具有一定的程序，梳理头发→穿衬衫→穿西裤→穿袜→穿皮鞋→系领带→穿西装上衣，这种穿着顺序是一种礼仪规范。西装穿着非常讲究，要穿得得体有风度，就要了解穿着西装的礼仪。

1. *西装上衣* 西装上衣的衣长应在垂直手臂的虎口位置，袖子的长度在垂手时手腕线与虎口之间。正装西服一般是纯毛面料或者含毛比例比较高的混纺面料，这样的面料悬垂、挺括、典雅。颜色一般是单色的，以深蓝、深灰色居多。

西装按照件数可分为单件西装、两件套（西装、西裤）、三件套（西装、西裤、西装背心）。按西装的纽扣可分为单排扣西装，包括单粒纽扣、两粒纽扣与三粒纽扣；双排扣西装，包括两粒纽扣、四粒纽扣与六粒纽扣。单排扣的西装在站着的时候应该扣上，坐下时可以敞开。单排一粒纽扣的西装，正式场合应当扣上，其他场合无关紧要；两粒的扣子应扣上面的一粒，底下的一粒不用扣；三粒扣子的应扣上中间一粒，上下各一粒不用扣。双排扣的西装穿上使人显得成熟和端庄，但要把扣子全系上，否则不雅。西装背心的扣子有五粒扣与六粒扣之分，如果是五粒扣，则应全部扣上，如果是六粒扣的，下面那粒不必系上。

西装口袋的使用也十分重要，上衣外侧下方的两个口袋不可装任何物品，否则会使衣服变形；上衣左胸外侧的口袋，可以装折叠好花式的装饰手帕或参加宴会时的鲜花；西装上衣内侧衣袋可放香烟、钢笔、钱包或名片夹等，但不宜放过厚的东西，以保持胸部的平挺。

2. *西裤* 西裤作为西装整体的另一主要部分，要求与上装相协调。腰围的尺寸必须合适，以合扣后可插入一个手掌为宜，切忌腰间露出内裤边缘。裤长以裤脚前面接触脚背，后边能遮住一厘米左右的鞋帮为宜，切忌裤长过短，也忌裤长超过鞋跟接触地面。西裤讲究线条美，所以必须要有烫迹线，在穿着之前一定要熨烫挺直，熨出裤线。西装裤袋和上衣一样，一般不装什么物品，以求臀围合适，裤型美观。裤子后兜可以装手帕、零用钱，但不能装得过满而影响裤型。穿着时，不能随意将西裤腿部卷挽起来。

3. **衬衫**　选择衬衫要注意其衣领、肩部、腰身、袖长和衣长是否合身。衬衫看似简单，却能体现男士的着装品质。与西装配套的衬衫应有以下特征：

（1）面料为高织精纺的纯棉、纯毛面料等，不宜选用条绒布、水洗布、化纤布、纯麻等面料。

（2）颜色为单一色，白色、蓝色、灰色等。

（3）图案可采用细竖条纹或方格等，但切忌与同样是竖条纹或方格的西装搭配。

（4）领型以方领为宜，其他领型不宜选择，衬衫的领头要硬实挺括，应高出西装领1厘米左右。

（5）正装衬衫应为长袖衬衫，自然垂手时，衬衫袖口不应从西服袖子露出来，手臂上抬时衬衫袖口露出1.5厘米左右为宜。

（6）衬衫的第一粒纽扣，在打领带时一定要系好。不打领带时，一定要解开，否则会给人一种刻板的感觉。

（7）打领带后，不能把袖口挽起来，衬衫袖口的扣子一定要系好。

（8）衬衫的下摆不可过长，要把下摆均匀地掖到裤腰里。

（9）一般衬衫里面不要再穿其他服装，包括背心，如天气较冷，可以在衬衫外面再套一件西装背心或一件羊毛衫，以不显臃肿为度。

4. **领带**　领带是男士在正式场合穿着西装时的重要装饰品，在整体装束中至关重要。

（1）领带面料一般以真丝、纯毛为宜。

（2）颜色应与西服颜色相协调，可以使用同色系，但深浅有别，也可运用对比色。

（3）较正式的场合，领带不宜过于鲜艳，应光泽柔和，典雅朴素，图案要持重、大方。

（4）领带系好后底尖垂到腰带扣上端处为最标准，如穿西装背心，领带底尖不要露出背心。

（5）宽领的西装，应配稍宽的领带。窄领的西装，则配稍窄的领带，但领带不能过细显，会显得小气。

（6）领带质量要确保外形平整、悬垂挺括。

（7）领带夹已经越来越少被人使用，如要使用，要注意夹的部位，如果是五粒扣的衬衫，将领带夹夹在第三粒与第四粒纽扣之间。如果是六粒扣的衬衫，则夹在第四粒与第五粒纽扣之间。系上西装上衣的第一粒纽扣，尽量不要露出领带夹。如果不用领带夹，为了固定领带，可以选择把领带内侧窄的一片从宽的一片背部的商标里穿过。

5. **腰带**　对于男士来说，腰带除了有固定裤子的基本作用，更重要的是起装饰作用。男士的腰带质地大多是皮革的，没有太多的装饰，宽度一般不超过3厘米。穿西服时，一定要扎腰带，颜色为黑色或其他深色，与鞋的颜色最好协调一致。腰带不能太长，以系好带扣余下部分不超过12厘米为标准。在公共场合或他人面前不能调整腰带；在进餐时，不要当众松紧腰带，否则，这都是极不礼貌，也不雅观的行为。

6. **鞋** 通常说西服革履，是指穿西服一定要穿皮鞋。在隆重场合穿黑色皮鞋较为正规，黑色皮鞋可以配任何颜色的西服套装，如果是咖啡色皮鞋只能配咖啡色西服套装。皮鞋的材质应当是真皮，牛皮鞋和西装最为搭配，羊皮鞋和猪皮鞋则不甚合适。皮鞋的款式通常有时装皮鞋、休闲皮鞋和正装皮鞋的三种，搭配西装的皮鞋应该庄重而正统，是光面的、三接头的、系带式的皮鞋。浅颜色的皮鞋均为休闲皮鞋，不适合在正式场合穿着。一般来说，鞋的款式太过另类新潮，都不适合在正式场合穿着。鞋也如同西装，保守型的穿着较为高贵。男士穿皮鞋，保持鞋面的清洁是最重要的。

7. **袜子** 穿着应体现整体美，所以袜子的选择也是需要重视的，首先要注意袜子与整体装束相协调，袜子衔接裤子和皮鞋，所以应与裤子、鞋同类颜色或深颜色的素色袜子。在正式的场合，必须穿黑色的袜子。袜子长度要以坐下来后不会露出皮肤为准，否则是有失体统的。袜子厚度适中，不要太薄或太厚；袜子要平整、贴实，不能皱皱巴巴、松松垮垮。

二、其他着装

1. **休闲装** 一般在公务、工作之外的非正式场合穿着，如居家、旅游、参观和节假休息日，男士可穿着休闲服装。穿着休闲服装，让人有舒适、放松、方便和无拘无束的感觉。适用于休闲场合穿着的服装，一般有家居装、牛仔装、运动装、沙滩装、夹克装、T恤等。家居服不宜穿着外出，即使在家里穿着会客，也是不礼貌的。短裤是在休闲场合穿的，其余时间不要穿，特别注意不要穿到工作场合去。男式休闲西服可作休闲装，面料、图案可以更加多样，色彩也可以更加鲜艳，如灰蓝、浅蓝、绿色、紫色等，式样大多数为不收腰身的宽松式，背后不开衩，也有肘部打补丁的。休闲西服可以搭配不同颜色的裤子或配以牛仔裤，对内衣的要求也较随意，可穿圆领或翻领T恤或高领羊绒衫，以显示轻松的风格。运动服装是为了便于活动、感觉舒适而穿着的服装，一般运动装的面料具有足够的弹性，并能吸汗、散热、透气，色彩也比较鲜艳。

2. **中山装** 中山装是孙中山先生以西装的造型结构为基础，结合我国紧领宽腰的服饰特点改制而成，它融合了西服潇洒合体与中华民族庄重朴实风貌于一体，成为中国男士服装的代表。男士穿着中山装出席各种外交、社交场合，显得庄重、稳健、含蓄、大方。中山装以深蓝、深灰等深色面料为主；门襟有五粒纽扣；上下左右共有四个口袋，有外翻袋盖。穿着中山装要保持整洁，熨烫要平整，衣领上可稍露出一道白衬衫领边。衣兜尽量不装物品以免部位变形，内衣不要穿得太厚，以免显得臃肿。无论什么社交场合，穿中山装都要扣好所有纽扣和领钩。中山装搭配黑色皮鞋，非正式场合也可以穿中式布鞋。

3. **西式礼服** 目前，大多数国家在隆重场合的穿着都趋于简化，西装已经取代传统西式礼服，发展成为国际上标准通用的男士礼服，但对西式传统礼服的简单了解是有必要的。正统西式礼服包括晨礼服、大礼服和小礼服。一般在重大活动的请柬上会注明客人该穿的服装，这种方式，现在已经在世界各地广为使用，在我国的一些较为正式的活动请柬或邀请函上也会有相应标注。晨礼服是日间午前穿着的正式礼服，面料是黑色或灰色的毛料，前襟有一个纽扣，从前门襟向后向下呈人字形，后摆呈圆形，腰围下摆开衩，领子是剑领；大礼服是指燕尾服，是晚间最为正式的礼服，用于隆重庄严的场合，由于要佩戴白领结，所以燕尾服又称"白领结"；衣领的翻领为缎面制作，衣服前摆齐腰、后摆较长开衩如燕尾。上、下装同色，长裤为高腰配缎带围腰。着白衬衫、黑袜、黑漆皮鞋、白手套，上衣口袋也宜选白色装饰手帕；小礼服，是指无尾礼服，又称晚宴服或小晚礼服，是一种不像燕尾服般有后摆的较正式的晚会服装，主要使用普通缎子或罗缎来制作，一般是黑色或深蓝色。着小礼服时要系黑色的领结，因此有"黑领结"之说。

第四节 女士服饰礼仪

女士的服装，比起男士的服装更加丰富多彩、新颖别致。但着装要注意根据不同的场合进行选择和搭配，协调统一的服饰才能既展示出女士优美的体态，并显示良好的文化修养和个人品位。

一、职业套装

女士在正式场合中，着装不能过于花哨，会显得不庄重。职业套装可以体现出女性职业风范、文化内涵和个人魅力，尤其是代表一个组织或单位的形象时，高质量、有品位的职业套装，更能充分展现其端庄大方，让别人尊重并产生信任。

1. **款式、质地** 女士在职业场合的套装款式应以突出职业感，体现着装者的优雅、端庄为首要目的，时尚感为其次。服装风格要合时宜，造型上扬长避短。裙子以窄裙为主，裙长及膝或稍过膝为宜；在质地上，应以高档面料缝制，量体裁衣，做工考究。注重平整、挺括、贴身。正式场合，套装上衣的衣扣应全部系上，领子要完全翻好，衣袋的盖子要盖住衣袋，不能将上衣披在身上或者搭在身上。服装搭配要整体和谐，可以适当装饰、点缀，以免刻板，但不能过于花哨。

2. **色彩** 色彩上，职业套装应当以冷色调为主，以体现着装者的典雅与稳重。色彩的选择要结合着装者的肤色、形体、年龄与性格，还要与着装者从事活动的具体环境协调一致。蓝、灰、咖啡、黑、炭黑、烟灰等冷色，是职业女士套装色彩的最佳选择。套装的色彩搭配可以不受单一色彩的限制，上衣和下装也可以采用上浅下深或上深下浅的色彩搭配。或者是同一色，但通过不同颜色的衬衫、丝巾等来加以点缀，以避免职业套装的刻板。需要注意的是，套装及饰品的颜色最多不要超过三种，否则会给人一种色彩混乱、杂乱无章的感觉。

3. **衬衫**　与职业套装配套的衬衫，面料应是轻薄而柔软的自然面料，如真丝、麻纱等，色彩上要求雅致而端庄，与所穿的职业套装的色彩相和谐，衬衫的底边必须掖入裙腰内，不得任其悬垂于外，或是在腰间打结。衬衫的纽扣最上端的一粒可以不扣上，其他纽扣要全部扣好。

4. **鞋**　一双得体的鞋与服装搭配相得益彰方能显示出一种整体美，与职业套装搭配的鞋，在颜色和款式上应与服装相协调，中跟鞋是最佳选择，既稳重又能体现职业女士的挺拔秀丽，并且不像穿高跟鞋那样容易疲劳。鞋的颜色以素色为宜，与服装上下呼应，形成与服饰统一的美，若鞋与服装反差太大，就会破坏服饰的整体和谐。在日常工作、社交活动中，不能穿拖鞋和露脚趾的鞋，否则会被认为缺乏教养，没有礼貌；鞋子要保持清洁，若穿着整洁的衣服，鞋子上却沾有灰尘，就谈不上整体美了。

5. **袜**　袜除了保护脚的功能，已经成为服饰的重要组成部分。女士穿职业套裙应当配长筒丝袜或连裤袜，丝袜特点是轻薄柔软，透气性好，舒适护肤，对腿部表面的轻微斑痕还有遮瑕作用。与肤色相近的丝袜，与任何服装搭配都很协调，黑色裙装可以配黑色长袜，如穿浅颜色的裙子，切忌穿黑色长袜。通常袜的颜色要浅于皮鞋的颜色。袜口不能够露在裙摆或裤脚外边，会很不雅观。袜不能跳丝、脱线，有破洞。如果穿吊带袜，吊带不该露出来。不管什么颜色、款式的袜，一定要干净整洁。考虑到长筒袜容易破损，所以应在随身的包里放一双备用。

6. **腰带**　女士的腰带款式多样，质地主要有皮革和编织物的。佩戴腰带，要和服装的风格搭配协调，包括款式和颜色。穿职业套装，一般选择皮革制的、样式简单的腰带，不能有过多装饰，以便和服装的端庄风格搭配。深色的服装不要搭配浅色的腰带。腰带还要结合形体特点，例如身体过于矮胖，就要避免使用宽的、花样复杂的腰带。

二、其他着装

1. **西式礼服**　传统女士西式礼服有三种，分为晨礼服、小礼服和大礼服。晨礼服也称为常礼服，为面料、颜色相同的上衣与裙子，也可以是单件连衣裙，裙子不能是超短裙。一般以长袖为多，可戴帽子和手套，也可携带一只小巧的手袋或挎包。晨礼服主要在日间庄重的场合穿，服饰的颜色不宜过分浮华，宜选用稳重的颜色，并且应尽量避免佩戴闪光的饰物；小礼服也称为小晚礼服。小礼服为长及脚背而不拖地的露背式单色连衣裙，有无袖和有袖之分，袖子有长有短，着装时可根据衣袖的长短选配长短适当的手套，通常不戴帽子或面纱。小晚礼服主要适合于参加晚上六点以后举行的宴会，或观看音乐、戏剧表演时穿着；大礼服也称为大晚礼服，设计款式上较前两种礼服要裸露更多的部位，有露肩式、露胸式、露背式等，正统的大晚礼服要裙底边拖地，并一定要配以颜色相同的帽子或面纱、长纱手套以及各种头饰和耳环、项链等首饰。衣料品质较高，且常有反光的特点，以配合晚间的璀璨灯光。大晚礼服主要适用于在晚间举行的正式宴会、酒会等。冬季，礼服外要配以披肩、大衣等，进入室内要脱下。随着礼仪从简趋势的发展，西方国家对于礼服的要求也逐渐简化。现在人们对于礼服的要求，更加注重得体、舒适、美观、大方，讲究适合自己的身份、年龄和不同的场合。

2. 旗袍 旗袍是隆重庆典上中国女士的礼服。它具有极强的民族特性，既能把中国女士柔美婀娜的身姿最大限度地表现出来，又能体现东方女士含蓄、端庄、典雅的神韵。作为礼服的旗袍，颜色不要太过艳丽，一般选用单一素色，面料典雅、挺括，如织锦缎、金丝绒类，考究的旗袍，还可在面料上刺绣图案。礼服旗袍的长度最好是长至脚面，开衩的高度应在膝盖以上，大腿中部以下。穿无袖式旗袍，不要露出内衣；穿旗袍不适合戴手套；可穿中高跟鞋，也可穿与服装风格协调的绣花布鞋，但面料和做工一定要考究。

三、不同场合着装注意事项

1. 喜庆场合 主要包括婚礼、生日宴会、联欢晚会、假日游园等。服装应与喜庆活动欢快的气氛相协调，色彩要丰富明快，款式可以新颖，穿衣风格可以多样化，根据场合可穿着各类裙装、休闲装、时装等，可以佩戴相应的饰品；可结合环境和自己的特点适当地化妆，但不要浓妆艳抹。要注意参加婚礼时，不应装饰过多，不要穿同新娘的礼服同色的服装。

2. 悲伤场合 一般是指参加葬礼或吊唁活动等，气氛都比较肃穆。服装要穿着黑色或其他深色、素色服装，款式要有庄严感，不宜穿宽松类便装，也不宜穿有花边、刺绣或飘带之类装饰物的服装；不要喷香水，不能涂口红，也不宜戴夸张闪亮的装饰品。在举行追悼仪式时，要脱帽致哀。

第五节 服饰色彩应用礼仪

服装的美是款式设计、工艺制作、面料使用、色彩搭配等因素和谐的统一呈现，其中服装的色彩在人的视觉反应中最为领先，最先闯入人的眼帘。因为在人的视觉感知和接受过程中，色彩信息传递最快，情感表达最深，视觉感受的冲击力最大。一套色彩和谐的服装，会使人产生良好的心理效应。在人们认知能力、审美意识以及服装文化的发展过程中，各种不同的色彩被赋予了不同的含义。服饰的色彩在左右人们感觉的速度上，在支配人们情绪的深度上，在控制人们的行为走向上，占据着重要的优势。法国色彩大师朗科罗曾经说过这样一句话："色彩是最有效、最经济的赋予产品精神价值的手段"。

一、色彩的意义

人们对色彩的反应是强烈的，不同的色彩会给大脑不同的刺激，从而产生不同的心理感受。有的色彩悦目，会使人愉快；有的色彩刺眼，让人烦躁；有的色彩热烈，使人兴奋；有的色彩柔和，能让人安静。但对色彩的感受并非人人相同。不同的年龄、性格、爱好、兴趣、气质、修养等，对色彩反应迥然不同，不同的社会、文化、艺术、风俗等的背景，使人对色彩的感悟也千差万别。但在服饰色彩的选择中，人们逐渐融入了个人与社会的意识，使得服饰色彩的象征和情感意义具有了普遍性，了解服饰色彩使人产生的联想和感觉以及它的象征寓意，才能更好地选择适合自己的衣着，穿出自己的服饰风格。

1. **白色** 白色象征纯洁、雅致，是一种祥和、高贵的色彩，给人以明快、无华、飘逸的感觉。白色是无彩色，并且是最明亮的颜色。西方人通常选白色为婚礼服的颜色，他们认为白色是纯洁和坚贞的象征。而我国的一些地区却用白色做丧服的颜色。

2. **黑色** 黑色既可象征深刻、沉着、庄重与高雅，也可以代表哀伤、恐怖、黯淡与死亡。特定社交场合穿着黑色服装，能渲染气氛，产生庄重、肃穆、神秘、威严等不同感觉。黑色属于无彩色，且是最暗的颜色。但是黑色有视觉收缩的作用，可以掩饰形体肥胖的不足，使身材显得更苗条。皮肤白皙者穿着黑色，会显得高贵典雅，但皮肤黄黑者不宜穿黑色服装。

3. **红色** 红色象征兴奋、热情、激动、奔放，特别引人注目，具有刺激和兴奋神经的强烈作用，使人联想到太阳、火焰、鲜血、鲜花。在我国，红色多用于喜庆场合，代表吉祥、欢乐、幸福，故婚礼服装喜用红色。

4. **黄色** 黄色象征华贵、明快、庄严、权威。它是一种暖色调，给人以明朗、高贵、健康的感觉。但它是一种过渡色，能使兴奋的人更兴奋，活跃的人更活跃；同时也能使焦虑和抑郁的情绪更明显。中国古代帝王崇尚黄色，认为黄色象征天地，以黄色作为帝皇服饰色彩，是一种至高无上的体现。但基督教徒不喜爱黄色，认为黄色是卑劣的色彩，表示嫉妒和奸诈，所以在出席有众多外国嘉宾的场合，要注意避免穿着黄色服装。

5. **橙色** 橙色象征活力、温暖、明亮、华丽。有鲜明夺目、明快热烈的感觉，能引起人的兴奋与愿望。有些餐馆、娱乐场所选用橙色装饰或服务员身着橙色制服给人以温暖感。橙色可以兴奋交感神经，使人容易激动。但多看则有厌倦、烦恼之感，所以常作为搭配的颜色。

6. **绿色** 绿色象征安全、温柔、明媚、生命与和平。是一种清爽宁静的色彩，能使人感受到青春、活力、希望、生机与朝气。绿色是大自然的色彩，让人联想到田野、草原等。绿色的服装，会给人一种柔和舒缓的感觉，使人的神经得以放松，会令交往对象减轻压力。

7. **蓝色**　蓝色象征庄重、宁静、理性、智慧和悠远，是一种比较柔和的颜色，容易让人联想到蔚蓝的天空、浩瀚的海洋，给人以高远、神秘、深邃的感觉。蓝色可以使人安静，稳定穿着者的情绪。蓝色服饰比较适合黄种人肤色，运用得当会显得非常雅致。

8. **紫色**　紫色象征高贵、优雅、沉着和神秘，给人以富丽华贵、高雅脱俗的感觉，常常意味着穿着者的地位和财富。不同的紫色，给人以不同的感觉，淡紫色和深紫色往往最受欢迎，但不适合面色青黄者穿用，所以在选择时要注意颜色的差别。

9. **灰色**　灰色象征朴实、素净、稳重和可靠。是一种柔弱、平和的色彩，属于中和色，也属于一种无彩色。给人以平易、雅致、大方的感觉。年长的人穿灰色显得稳重、可信；年轻人穿灰色，往往可以显示一种时尚和优雅气质。灰色同其他的色彩均可以搭配。

10. **粉红色**　粉红色象征温柔、浪漫、可爱。比较适合年龄偏低、性格活泼的姑娘，可以衬托出皮肤的细腻光泽，不过使用过多会显孩子气。另外粉红色不适合深色皮肤者穿用。

11. **金色**　金色象征华丽、高贵。多用于表演类服装或晚会着装。

12. **银色**　银色象征光明、未来。反光性能好，多用于科技感较强的表演类服装。

二、服饰色彩的搭配

服装的色彩一般都是由几种颜色组合搭配运用的，其穿着效果受到人与服饰、人与人、人与环境等多种因素影响和制约。所以，要想在服装的色彩上运用自如，就要学习从服装美学角度出发，掌握色彩搭配方面的知识，只有注意服装色彩的合理搭配，才能产生和谐美。服装色彩的搭配有以下方法可循：

1. **同色系搭配**　同色系搭配是指配色时尽量采用同一色系之中各种明度不同的色彩，按照深浅不同进行搭配与组合，以便创造出统一和谐的效果。一般来说，颜色越浅，明度越强；颜色越深，明度越弱。在同色系搭配中，要注意颜色之间的衔接与过渡，力求自然、平稳，避免生硬和明度差异太大，以免给人以失衡的感觉。可采用"由外向内，由深入浅"的方法，即外套选深色，衬衫选浅色；亦可采取"由上至下，由浅入深"的搭配方法，即浅色上衣与深色的下装相配。上浅下深，上明下暗，这样的搭配整体上有一种稳重踏实之感，常常用于偏正式场合搭配。上深下浅的搭配，有一种轻松、休闲的感觉，常用于非正式场合着装配色。

2. **相似色搭配**　相似色是指相近颜色，色彩学把色环上大约90°以内的邻近色称之为相似色，比如绿与蓝、红与黄等。运用相似色搭配，会使服饰颜色既丰富又协调，但应遵守服饰礼仪的"三色原则"，即在正式场合，穿着的服饰配色不应超过三种颜色，否则就会显得杂乱无章。另外，相似色搭配时，两个色的明度、纯度必须错开，如深一点的红色和浅一点的黄色配在一起比较协调。如鲜红色裙子搭配鲜黄色上衣，就很刺目。

3. **主色调搭配**　主色调搭配是指以一种颜色为主导色，再配以其他颜色，形成一种互补、呼应的效果。采用这种配色方法，应首先确定整体服饰的主色调，最后再选定辅色。

色彩协调是配色的一个基本原则。例如，以黑色为主色调，辅以红色，会显得优雅时髦，辅以黄色，会具有戏剧服装的效果，与灰色搭配会显得端庄稳重。另外，服装主色调确定后，可以使用相同色彩的饰品进行呼应，产生美感，如鞋与包同色。此种方法适合于各类场合的着装配色。

4. 对比色搭配 对比搭配是指在服饰配色时运用色彩的冷暖、深浅、明暗等特性进行组合，在色彩上反差强烈，动静结合，可以相映生辉，突出个性，给人以清新、明快、耳目一新的感觉。色彩对比搭配应以柔和、平稳的颜色为主色，辅色运用明度、饱和度较高的颜色。

三、服装色彩运用的注意因素

1. 形体 服装色彩的应用和身体形态有着密切关系。一般来说，深颜色的、小花型的服装，有收缩的穿着效果，使穿着的人有苗条的感觉。浅颜色的、大花型的服装，有放大的穿着效果，使体形消瘦的人有丰满的感觉。花色面料还可以适当修饰体形的不足，比如女士腿型不美，可穿花裙，穿着素色上衣；上身单薄的体型可穿花衣素裙。

2. 肤色 肤色影响着服饰搭配的效果，反过来，服饰的色彩也会使肤色发生变化。有些颜色可使脸色显得灰暗无光，黯然无神；而有的色彩却使皮肤显得细腻、白里透红。中国人是黄种人，但实际上每个人的肤色却有不同，有的白皙、有的黝黑、有的红润、有的黄褐，同一种色彩并不一定适合所有肤色的人。一般讲，肤色白皙的人，适合穿各种颜色的衣服；肤色发红的人，适合用偏冷色或浅色，不宜使用绿色和蓝色；肤色发黄的人，应避免用明度高的蓝色、紫色或黄色上装，会缺乏生机，粉色调的服饰会使黄色皮肤变得白皙柔和；皮肤略带灰黄的人，避免用米黄色、土黄色、灰色，否则会显得精神不振和无精打采；肤色发暗的人，尽量不要穿纯黑或纯度较高的紫、褐色的上装，可以选一些比较明亮的颜色，能够强化肌肤的健康效果。

3. 性格 不同性格的人在选择色彩时也有差异，运用与性格相符的服色，会给人带来舒适与愉快的感觉。活泼好动、性格外向的人，宜选择颜色鲜艳或对比强烈的服装，以体现青春的朝气。一般以选用暖色或色彩纯度高的颜色，如红、橙、黄等；沉静内向者宜选用素净清淡的颜色，如青色、灰色、浅棕色、驼色等，会显得格外的文静端庄。偶尔变换一下色彩，可以对性格的外现有一定的调整作用，例如，过分好动的人，可借助灰色调的服饰来增添文静的气质；而性格内向、沉默寡言的人，可试穿浅色调的服装，以增加活跃度。色调的明暗与人的性格特征息息相关，以明亮的色彩进行配色能创造明朗、轻快、外向的气氛；以暗沉的色彩进行配色所创造的是肃穆、庄重、内向的感觉。

4. 年龄、性别、职业 服饰颜色的选用还与着装者的年龄、性别、职业相关。一般年轻人多选用活泼、明快的颜色，年长者多选用含蓄、沉着、淡雅的颜色。西方的老年人往往喜欢身着艳丽的服饰，这与他们的社会文化环境是分不开的，当今中国，也开始有越来越多的老年人能接受鲜艳颜色的服饰；一般来讲，男士应采用朴素、大方的颜色，女士则宜采用各种鲜艳明亮的颜色，但现今已有越来越多男女服色和风格融合的现象；服饰色彩要适合人的职业，与人的社会角色相符，如作为教师就不应选用花色繁多、过于暴露的服装。

5. **季节气候因素**　色彩的搭配应考虑到季节气候的因素。人是大自然的一部分，服装的色彩搭配要随大自然季节和气候的变化而调整。气候温暖，服装的颜色适宜于浅淡一些，在夏天应选用清淡的色彩，如淡绿色、湖蓝色、白色等，暖色调的色彩会使人产生烦躁炎热之感；而在冬天，气候寒冷，服装的颜色适宜于暖色调或深色；春、秋装的颜色可选用中间色。

第六节　配饰礼仪

一、首饰佩戴的礼仪

首饰具有审美、实用、保值等作用。如项链、胸针、戒指、手镯等是服饰的整体组成部分，因此，也同服装一起，体现一种完整性、和谐性。首饰佩戴是一种无声的语言，显示了佩戴者的个人品位及修养，应按照礼仪的基本要求，依据不同的场合和交往的对象，有选择地佩戴，应点到为止，恰到好处，扬长避短，突出个性。

1. **戒指的佩戴**　戒指又称指环，是手部重要的饰品，戴在不同的手指上也表达特定的含义。戴在食指上，表示单身求偶；戴在中指上，表示正在恋爱；戴在无名指上，表示订婚或结婚；戴在小指上则表示自己是独身主义者。国际上较为通行的佩戴规范是把戒指戴在左手上，拇指不戴戒指。一般情况下，一只手上只戴一枚戒指，戴两枚或两枚以上的戒指是不适宜的。

2. **项链的佩戴**　项链的品种很多，不同质地的项链其价值及体现的效果也不同。钻石项链奢华，金银项链富贵，珍珠项链典雅，玛瑙项链柔美，象牙项链高洁，贝壳项链自然，水晶项链活泼，骨质项链粗犷，木质项链朴素。项链的佩戴要因人而异，依据个人爱好和服装风格来选择搭配，还要注意与自己的年龄、形体形象特点相协调。脖子粗短的人宜选用细长、造型简洁的项链，可增加脖子的修长感。脖子粗长的人可选用大颗珠串、多圈的项链；脖子细短的人应选用小巧玲珑的项链；脖子细长的人宜选用多层圈、稍粗的或者链条稍短的项链。脸长、脖子细的人，可选择短小、颗粒大的项链，从而使脸型变宽；圆脸、脖子粗短的女性，宜佩戴略长而颗粒小的项链，可以产生拉长脸部的视错觉。

3. **耳环的佩戴**　耳环直接影响到整个脸部的造型效果，对于人的面部形象、气质风采影响较大。耳环有各种款式和质地，佩戴时首先要考虑佩戴者的脸型。圆脸形应选用链式耳环或有垂挂物的耳坠；方脸形应选用卷曲线条、圆形、造型柔和的中小耳环或耳坠；

脸型较长应选用宽大的耳环；脸型较宽应佩戴体积较小，长形且贴耳的耳环，可以加长和收窄脸型；瘦小脸型的人适宜戴大而圆的耳环或珠式耳环。佩戴耳环应讲究其对称性，即每只耳朵上佩戴一只耳环，而不宜在一只耳朵上佩戴多只耳环。金色、银色或黑色、白色的耳环可以适合所有衣服色彩，而一些彩色耳环应根据配色原则与服装颜色相协调。

4. **手镯与手链的佩戴**　选择手镯要和自己的年龄相匹配，年长者适宜造型端庄、色彩古朴、风格典雅的手镯；青年人既可戴手镯，也可戴手链，色彩样式也可多样、鲜艳些，但无论怎样佩戴，都应与服装风格相协调。通常，手镯或手链戴一只时应戴在左手上。戴两只时，左右手分别戴，也可同时戴在左手上。手表与手镯、手链不能同戴在一只手上。手臂粗短应选细形的手镯；手臂细长的则可选加粗的款式，或多戴几只细形的来组合在一起。手镯与耳环或项链风格相协调或是同样款式，则会给人一种和谐美的感觉。

5. **胸针的佩戴**　胸针是指人们佩戴在胸前的装饰品，多为女士所用，主要用于宴会、庆典等场合。胸针应别在左侧领上，如果穿无领上衣时，胸针应该戴在左胸部，第一粒、第二粒纽扣中间平行的位置上。如果是向左偏的发型，胸针也可戴在右侧。胸针不要和胸花、徽章等同时使用，也不能和带坠项链同时佩戴，胸针的样式很多，选用时要结合年龄、职业、场合等因素。出席喜庆场合，胸针可以艳丽一些；庄重的场合，胸针应淡雅；在公务场合，胸针应小巧精致。胸针的形状与脸型要协调，圆形脸的人不宜用圆形或弧度较多的胸针，而长脸形的人则恰好相反。

二、服装配件的佩戴礼仪

1. **帽子**　帽子分为实用帽子和装饰帽子。实用帽子以保暖、遮阳等功能为目的，装饰帽子一是为了掩饰或增加头部美观程度，也有礼仪服套装中包含帽子的。帽子在衣着之中占据着举足轻重的地位，在礼节上也有一定的要求。无论是男士还是女士，所戴帽子的样式、风格、质地，应和所穿的服装相吻合，还要和出席场合、氛围相一致。致礼时，男士应当将帽子脱下。进入室内时，也应将帽子与外套或大衣等放在衣帽挂放处，女士的帽子如果是衣服整体的装饰一部分，则不必脱去。

戴帽子要注意其式样与自己的形体形象相和谐。身材高大的人帽子不能太小，也不要带高筒帽；身材瘦小的人，帽子不宜过大，也不要戴宽檐帽；脸圆的人适合戴尖顶的帽子；脸窄的人适合戴圆顶的帽子。帽子的戴法不同也会给人以不同印象。帽子戴得正，人显得保守正统。帽子适当倾斜一些，人显得很时尚俏皮。帽子向前下方拉得很低，使人显得神秘、忧郁。

2. **围巾和披肩**　围巾和披肩除了防寒保暖，更多的是起到美化修饰，对服饰整体造型有画龙点睛的作用。选用围巾和披肩的花色式样要与身份和环境相适应。在色彩和花纹质地上要与服装协调。女士偏爱轻柔飘逸的丝质围巾或披肩，可以根据场合、服装和当天的化妆、发型来选配色泽和款式。丝、纱质的小围巾在室内不用摘下。

一般素色无花纹的服装，可选用有花纹的彩色围巾，既可表现围巾的美，又可为服装增添一抹色彩。男士一般会在寒冷季节选用纯毛的棕色、灰色，或其他深色围巾，进入室内，应连同外套一起脱下来。随着时尚的流行，也有少数男士选用披肩进行自我造型装饰。

3. **手套** 手套有不同质地不同款式，除用于保暖防护手部，还有装饰的作用。选用手套要注意同年龄、性格、气质和整体装束的风格相一致；手套与衣袖应该有部分相重合，否则在手套口与衣袖口间露出手腕是很难看的，但应将手套口塞入衣袖口内，而不是把衣袖塞进手套里；手套要保持清洁。与人握手时，应当脱下手套。女士的手套如果是服装整体装饰的一部分，可以不必脱下来，但不要把戒指、手表等戴在手套外面。

4. **包袋** 包袋的风格务必与整体服饰相协调，尤其与鞋子的风格要一致。颜色还应当与季节、场合、气氛相协调。在严肃的社交场合，适宜使用颜色较暗、形状较方正的皮包。对女士而言，由于服装讲求线条美，无论上衣或裙子，均缺乏口袋，因此就必须依不同场合携带皮包或手袋，可放钥匙、化妆品、钱、纸巾、文件等。一般白天使用的包袋，可以稍大。但在晚间，尤其是参加正式的晚宴，则包袋不宜太大。手袋或小型皮包应套在手腕处，不要拎在手里摆来摆去。在公务活动中男士应携带公文包，一般以黑色或棕色为最佳选择，不要用灰色的，也不要用太过花哨的。包袋应保持干净整洁，边角有磨损时，不应再在交际场合使用。

5. **眼镜** 眼镜有可以调节脸型的作用，也可提升人的气质，适宜的眼镜会使人显得儒雅端庄。挑选眼镜要注意镜框的形状应与脸型相符，圆脸的人宜选四方宽阔的镜框；椭圆形的脸最适合选方框的眼镜；方脸的人要选圆形、阔边的镜框；长脸的人可戴阔边粗腿的眼镜；瓜子脸的人可以选戴椭圆形镜框。脸大的人不宜选小眼镜，而脸小的人不要戴厚重的大边框眼镜。如果双眼间距过近，可以选配镜桥透明或浅色的眼镜架；如果双眼间距过宽，则适宜选用镜桥是黑色、深色或有装饰图案的镜架。眼镜的颜色应与脸色相协调，脸色过深可戴色彩明亮的眼镜；脸色偏黄宜选戴偏暖色镜架。

墨镜可保护眼睛，避免因阳光太强烈对眼睛造成伤害。在室外照相，尤其是与他人合影时，应摘下墨镜。在室内也应摘去墨镜。

6. **腰带** 腰带除了有固定裤子不滑落的作用，更重要的是装饰美化作用，有矫正体形、制造错视的功效。选用腰带应考虑同服装风格统一。男士的腰带样式一般比较简单，质地大多是皮革的，不会有太多的装饰。穿正式西服时，要佩戴正装腰带，其他的服装不要求一定系腰带。女士选择与服装相同质地、色彩的腰带，看上去会很协调。如果单独配腰带，可以选择与服装同色系或接近黑颜色的，也有一些时尚人士，选择互补色腰带，比较醒目。暗色的服装尽量不要配用浅色的腰带。选择腰带还要结合体形，身材瘦高的人，可以用较显眼的腰带，形成横线，分割一下，增加横向宽度；腰围纤细，可以系一条宽腰带；腰围太粗，可以系深色的腰带；下身较粗壮的女士，宜穿偏深的长裙，扎一条窄腰带，避免别人视线下移；"桶"形身材的人可用深色宽腰带消除没有腰的感觉；身体过于矮胖，要避免使用宽的、大的、花样多的腰带，也不要在衣服外面扎腰带；上身长下身短，可以适当提高腰带的位置，在视觉上有加长下身的效果。

无论男女，一定要在出门前检查腰带系得是否合适，在公共场合，尤其在进餐的时候，当众松紧腰带，是极其不礼貌，也不雅观的。如果一定要调整，可以到洗手间去整理。

7. **其他**　不论男士还是女士，在正式场合中佩戴的手表，应是机械表，款式要庄重、保守，不要戴运动表、时装表或卡通表，避免怪异、新潮。与人交谈时，不要频繁地看表，会给人留下急于结束交流或很不耐烦的印象。

钱夹或名片夹，以皮制为好，男士使用深咖啡色和黑色为最理想的选择，可放在西装上衣内侧口袋或公文包内。要注意无论是钱夹还是名片夹都不要塞得过满。女士的钱夹可随手携带，也可放在包袋里。

公文包主要是男士使用，手提公文包是最正式的。一般以牛皮制品为最佳。颜色以黑色、棕色为最正式的选择。除商标之外，公文包外表不宜带任何图案。

手杖或手杖式阳伞在使用时，不能扛在肩头或挂在臂弯里，要拿在手中避免晃动，或握住手柄，随手臂自然摆动。

携带的钥匙应放在包袋内，并使用钥匙包，避免走路时钥匙发出声响。

第七节　香水使用礼仪

一、香水的介绍

香水是用香料、酒精和蒸馏水等制成的化妆品。香料起源于帕米尔高原的牧民，传入印度后又分别传入中国和埃及，再逐渐传到西方。我国古代以香囊散发香氛，就是在锦囊里边放入混合的天然香料粉末，让香气慢慢散发。汉代时期，还有一种"香灯"，即把沉香、檀香等浸泡在灯油中，随着灯头的燃烧，散发出阵阵芳香。另外我国古代还有"熏香"，就是将各种香料、香木混合焚烧，产生缕缕香烟，弥漫于空气中。熏香最初用于宗教仪式，后渗入日常生活中，在东方各国十分盛行，主要是贵族阶层使用。直到近代有了合成香料，香水开始出现并逐步工业化生产。

目前香水的品种很多，原材料有两千多种，每种香水大概使用 50~100 种材料。由于每一种香水都是由多种香料制成，所以，一瓶香水的香味不是一成不变的，而是受每种香料的浓度及挥发性的不同、时间的变化，以及个人的体温、体味、场所、气候等各种条件的影响，会有微妙的变化。香水味大体上可分为前味、中味和后味 3 个阶段。前味，持续时间为 0~30 分钟，即刚接触到香水时所嗅到的味道；中味，持续时间 30 分钟至 3 小时，是香水中最重要的部分，是一款香水的精华所在；后味，持续时间 3 小时以上，就是我们常说的"余香"，不仅散发香味，更兼具整合香味的功能，持续的时候最长久，可达整日或者数日之久。

香水中所添加的香精浓度的差异，决定了香水的等级。一级香水含有 15% ~30% 的香精，即浓香水，香气持久；二级香水含有 8% ~15% 的香精；三级香水含有 4% ~8% 的香精；四级香水含有 3% ~5% 的香精。三级、四级香水通常称为"古龙水"，多为男士使用；五级香水含有香精含量为 1% ~3%，即淡香水，可给人带来神清气爽的感觉，但留香时间较短。

二、香水的选用

香水的芬芳能够给人以嗅觉享受，使人增添风采并充满自信。选择和使用合适的香水是一门艺术，可以体现选用者的文化和艺术修养。选用香水需要依据多项因素，包括性别、年龄、性格、心情，及使用场合、季节、服饰等。使用香水要做到浓淡相宜、优雅得体，如果滥用香水，不仅起不到美化自身的效果，反而让人感到俗不可耐。

1. *如何选购*　购买香水时不能单凭视觉和嗅觉，必须经过试用来确定这款香水是否适合自己。购买香水之前，不要涂抹任何香水，保持轻松愉悦的心情，用心感受不同的香调。不要同时试用多款香水，否则嗅觉容易混乱，此外，刚使用在身上的香水，香味不是最准确的，至少等 30 分钟以后香味才会稳定。

2. *使用香水的考虑因素*　在选用香水时除了个人的喜好，以下几个因素必须考虑：

（1）时间：白天适宜气味清淡，晚上可香味浓郁一些。

（2）气候：冷天不易挥发，可用味浓的香水；热天相反，要选择清淡香水。气候湿润时，香水挥发较快，可以少量多次重复使用；气候干燥可稍微多用一些，会慢慢挥发且维持长久。

（3）场合：工作场合用淡雅清新的香水，不会给人以唐突的感觉；在运动场合，可用标有 Sport 字样的运动香水；宴会场合可用较浓郁的香水；不要在就餐前喷洒香水，否则会影响他人和自己的食欲，可在出门前将香水涂抹在腰部以下；去医院就诊尽量不用香水，以免影响医生的诊断。

（4）年龄：年轻人以清香的香水为主，中年人可用气味比较适中的香水，老年人用淡雅的香水会更让人觉得高贵。

（5）职业：要根据所从事的职业，决定使用香水的浓淡。比如教师、医护人员不适合用味道浓烈的香水。

（6）服装：可依据衣服色彩浓淡作为使用香水的准则。服装颜色越淡雅，香水就要越淡；颜色鲜艳度越高，香水就可浓一些。化妆的浓淡，也可与香味的浓淡成正比。

（7）性别：香水使用男女有别。男士使用淡雅的男用香水，如辛香型、烟香型、革香型、古龙型等，如果试用女士香水，则令人生厌。女用香水的范围较广，甚至在身着中性风格服装时也可使用男士香水。

3. *香水的使用部位和方法*　经医学研究证明，在太阳穴、耳背后、手心、手腕及手肘内侧、颈部两侧、前胸骨及耻骨两旁、双膝后及脚踝部分，这几个脉搏跳动最明显的身体部位涂抹香水，挥发的功能最为显著。在喷香水的时候，应距离身体10厘米，使喷出的香水呈雾状；也可以将香水连续往空中喷洒形成香雾，然后走进香雾里，让香水自然均匀地落在身上。

三、使用香水的注意事项

（1）香水不要直接喷洒在白色或其他浅色的衣服上，因为多数香水含有色素，会在衣服上残留，并且不宜清洗。

（2）香水要放在阴凉干燥处，不能放在光线直射的地方，否则香水容易变质。

（3）香水中的酒精成分会破坏珠宝的质地，所以不要在戴珠宝的位置喷洒香水。

（4）不能同时使用两种以上的香水，不同品牌、不同香型的香水混合在一起，散发出来的可能是奇怪的味道。

（5）香水不能洒在腋下等易出汗的部位，汗水味和香水味混杂后将产生难闻气味。

（6）使用香水切忌同时使用发胶，否则身上的香水味道和头发上的味道混在一起，气味会很怪异。

（7）香水不能总用一种，否则会产生嗅觉疲劳，也会让经常在一起的同伴感到厌烦，经常更换一下香水类型还可以调节情绪。

（8）香水忌使用过量，香味过浓，具有刺激性，会引起别人的反感。一般1米范围内能够闻到淡淡的幽香较为合适。若在3米左右的距离内仍可闻到香味就是过量了。

（9）使用香水时，身体和服装要清洁。香水不能洒在鞋子里。

（10）忌使用部位不当。香水中的香精和酒精被光线照射后，在紫外线的作用下会使皮肤色素沉积，所以不要抹在额头、手背等暴露部位。

（11）使用香水忌有从众心理，每个人的体温和体味不同，即使用同样的香水，所散发出来的香气也不完全一样。因此，不可盲目选用别人使用的香型。

（12）抽烟的男士最好不要用香水，因为混合了烟味的香水，会散发出很怪的气味；喷香水的男士一定不能光着脚穿凉鞋。

（13）作为一名模特，在工作中，尤其是在试衣、排练和演出时不要使用香水，以免味道沾染到演出服装上。

思考与练习

1. 什么是"首饰"？
2. 着装的"TPO"原则是指什么？
3. 请简述服饰色彩搭配的方法。

社交礼仪

餐饮礼仪

课题名称： 餐饮礼仪

课题内容： 1. 宴会种类

2. 宴请礼仪

3. 受邀礼仪

4. 西餐礼仪

5. 中餐礼仪

6. 自助餐礼仪

7. 饮酒礼仪

8. 饮茶礼仪

9. 饮咖啡礼仪

课题时间： 4 课时

教学目的： 使学生掌握餐饮礼仪的详细内容

教学方式： 理论讲解

教学要求： 重点掌握宴会受邀礼仪及中、西餐礼仪内容

课前准备： 提前预习社交礼仪内容

第四章 餐饮礼仪

作为一名模特，要经常出席各类宴会，在宴会中，优雅、得体的礼仪可以展现自己的风度、气质，也会帮助自己疏通人际关系，拉近与他人的距离。所以，学习和掌握中、西方餐饮礼仪规范是十分必要的。

第一节 宴会种类

一、什么是宴会

宴会是国家间、企业间、朋友间等社会交往中比较常见的礼仪活动形式。人们往往把团体举办的，具有一定目的、规模和比较讲究形式的酒席，称为宴会。把私人举办的、规模较小的酒席称为筵席。宴会因性质、目的、区域、国度的不同而有较大的差异，由于宴请的出席人员、举行的时间、场地等不同，宴请也有许多不同的表现形式。

二、宴会的分类

根据不同的分类方式，宴会可分为如下几类：

1.**按菜品、酒类和用餐方式分类** 可分为中餐宴会、西餐宴会、冷餐宴会、自助餐宴会、鸡尾酒会、茶会等。

2.**按举行的时间分类** 可分为早宴、午宴、晚宴。一般来说，晚上举行的宴会比白天举行的更为隆重。

3.**按活动顺序分类** 可分为欢迎宴会、答谢宴会、告别宴会等。

4.**按宴请的主题分类** 可分为公务宴请、商务宴请、亲情宴请等。

5.**按进餐标准和服务水平分类** 可分为高档宴会、中档宴会、一般（普通）宴会等。

6.**按宴会性质分类** 可分为喜宴、寿宴、家宴等。

7.**按宴请的形式划分** 可分为正式宴会、招待会、工作餐等。

8.**按规模分类** 可分为大型宴会、中型宴会、小型宴会等。

第二节 宴请礼仪

宴请具有一种特殊交流与沟通的重要作用，是最常见的社交形式之一。世界各国，上至国家领导人，下至平民百姓，都乐于通过宴会这样一种交际形式，疏通人际关系，增进了解和友谊。在人际交往日益频繁的今天，各种形式的宴会活动也日趋繁多，所以，学习和掌握宴请的基本礼仪规范是十分有必要的。

一、宴请的准备工作

宴请是一种常见的礼仪活动。主办者宴请宾客，尤其是较为隆重的宴请活动，要确保举办得顺利和合乎礼仪，准备工作是至关重要的。

1. 确定对象、目的、规格、形式

（1）对象：明确宴请对象的身份、习俗等，以便确定宴会的规格、餐式等。另外，宴请哪些人都应事先明确，包括参加宴会的人员名单，职务等信息。

（2）目的：宴请的目的是多种多样的，可以是为某一个人，某一个集体，或是为某一件事。可以表示欢迎、欢送、答谢、庆贺、纪念等目的。

（3）规格：根据宴请的性质、目的、主宾人的身份、国际惯例及经费等，确定接待规格，即宴请的规模及用餐的档次，要量力而行，从实际的需要和能力出发，进行力所能及的安排。

（4）形式：宴请采取何种形式要根据宴请活动的性质确定。礼仪性的宴请，如欢迎国家元首、政府首脑来访，重要国际会议召开等，一定要按照礼宾规格和程序；非礼仪性的宴请，主要是为促进友谊，或为解决特定的问题而举行宴请，以便在席间进行商谈。主办者可根据宴请的性质，同时考虑邀请对象及经费情况，来确定宴请的形式。一般说来，正式、规格高、人数少的以宴会为宜，人数多则以冷餐会或酒会更为合适，而女士的聚会可采用茶会的形式。

2. 确定时间、地点

（1）时间：宴请时间要根据宴会性质确定，如庆典宴会可按主办者需要安排；如果是商务宴请等，要主随客便，在宴请前征求客人的意见，力求方便对方；如是聚会宴请，就要顾及主客双方，选择双方都合适和方便的时间；如果是外事宴请，注意不要选择对方的重大节日或有禁忌的日子。

（2）地点：正式、隆重的官方宴请，一般安排在政府、议会大厅或宾客下榻的酒店举行。其他形式的宴请则按活动性质、规模等实际情况而定。定的场所环境要幽雅、整洁，能容纳全体人员。根据需求确认选定的场所是否具备停车场、休息室、衣帽柜，甚至是乐队、

鲜花等。休息室供宴会前主办者与主要嘉宾短时交谈使用，等宴会正式开始再一起入席。宴请还要考虑周边的环境，选择交通便利的地点。另外，要提前询问客人饮食偏好，选择的饭店要符合客人的口味。国际礼仪中关于餐饮的内容有一条4M原则，分别是Menu（精美的菜单）；Mood（迷人的气氛）；Music（动听的音乐）；Manner（优雅的礼节）。这些都是在组织宴请活动时，应当注意的重点问题。

3. 发出邀请 一般而言，宴请有非正式和正式之分。非正式邀请常采用方便快捷的方式，如当面口头形式或电话邀约等。正式邀请多采用书面形式，常见的有书信、请柬、邀请函、传真等。书面邀请一般提前一周左右为宜，过早，客人可能会遗忘；过迟，会使客人感到仓促或已有其他安排。内容可以印刷也可手写，手写字迹要美观、清晰。应写明宴请的目的、形式、时间、地点、主人姓名等。发出后，应及时确认邀请嘉宾出席情况以安排席位。

4. 安排桌次、席位 举办正式宴会，为了井然有序，同时体现对宾客的尊重，一般都事先排好桌次和席位。因各地的风俗习惯不同，座席的安排有很大的差异，但总体说来，既要结合宾客的职务和辈分高低安排好主宾次序，又要有灵活性。国际惯例，桌次较多时，先定主桌主位，高低以离主桌位置远近而定，右高左低。同一桌上，席位高低以离主人的座位远近而定。

5. 确定餐馆、菜单 宴请的主办方应在事先根据宴请的目的、规格，结合客人的身份及饮食习惯确定餐馆及菜单。在宴请他人时，尤其是外地人，应尽量安排一些具有本地特色的餐馆。菜品既要精致可口，适合来宾的口味，而且还要美观大方，让人看了赏心悦目，做到色香味俱全、荤素搭配合理。

确定菜单前要提前询问来宾的饮食禁忌，特别是要对主要嘉宾的饮食禁忌高度重视，如宗教的饮食禁忌、个人的饮食禁忌、职业的饮食禁忌、地区的饮食禁忌等。招待外宾，更要谨慎安排，充分考虑中餐和西餐的不同饮食习惯，如英美国家的人通常不吃动物内脏、头和脚爪等。宴请伊斯兰教国家的客人最好到清真餐馆，以羊肉等清真菜肴招待。

二、主持宴会

1. 迎接宾客 宴会开始前，作为主人应站立于门前迎接宾客，以热诚的态度对待所有宾客，不可厚此薄彼。官方活动要有主办方人员排列迎宾，迎接到宾客后，由工作人员引入休息厅或直接进入宴会厅。主宾抵达后由主办方主要负责人陪同主宾进入宴会厅，全体宾客入席，宴会开始。宴会规模较大时，往往是主桌以外的客人先入座，贵宾后入座。

2. 致辞 正式宴会，一般有祝酒词，中餐一般在宾主入座后进行，西餐通常在吃过主菜后、甜品上桌前进行。先由主人致辞，接着由客人致辞。致辞时，所有人员均应暂停饮食和交谈，专心聆听，以示尊重。

3. 上菜与斟酒 中餐上菜的顺序是凉菜、热菜、汤、主食、水果。西餐上菜的顺序是冷盘、汤、热菜，然后是甜食或水果。服务员一般将菜从客人的左手边端上桌。与上菜不同的是，斟酒应在客人的右边进行。西餐中不同时段有不同的酒，餐前喝开胃酒，席间喝佐餐酒，宴会结束后喝餐后酒。

4. **宴会结束**　中式宴会，吃完水果，宴会即告结束。西式宴会，上完咖啡或茶，客人即可开始告辞。客人告辞时，主人应送到门口，原迎宾人员顺序排列送客。

第三节　受邀礼仪

参加宴会不仅仅只是为了用餐，更是参加一场礼仪活动。宴会的主人以礼待客，客人也应该注重礼仪，严格遵守出席宴会前、赴宴、进餐过程中和进餐结束后等各个环节的礼仪规范。维护良好的个人形象，做一个受欢迎、受尊敬的客人。

一、准备工作

1. **回复邀请**　接到宴会邀请后，对于能否出席，要尽早给予明确回复，以便主人安排。如果不能出席，要向邀请者做出解释，并表示出对邀请的感谢和对不能出席的遗憾。

2. **赴宴者的仪表礼仪**　受邀者应邀出席宴请活动之前，要核实宴请的主人对服装的要求。一些正式宴会，在请柬上会对客人赴宴时穿着的服装有明确要求。在赴宴前，要注意修饰自己的仪容仪表，选择风格适宜的服装。要衣衫整洁、仪表端庄、精神饱满地赴宴，这既是对主人的尊重，也是为了展现庄重、大方、得体的良好个人形象。一般情况下，参加晚宴时打扮得可适当华丽；如果出席比较正式的宴会，穿着应本着正式、素雅的原则；参加娱乐性较强的宴会，可以打扮得活泼或体现个人特性。女士化妆也同着装一样，要根据宴会的性质，妆容风格一致。

3. **准备馈赠**　收到请柬时，首先看清楚宴会的性质，有些庆祝性的宴会需要准备礼物。尤其是受邀出席外国友人的家宴，最好准备一点小礼物。

二、赴宴礼仪

1. **按时到达**　一旦接受邀请，就必须按请柬上注明的时间按时赴约。掌握好出席宴会时间，应尽量准时赴宴，既不要迟到，也不要到得过早。如因不得已的紧急情况临时不能出席，应及时而有礼貌地向主人解释或道歉，但拒绝邀请的原因绝不能是为了赶赴另一个邀请的宴会。

2. **礼貌问候、入座**　到达宴会场所，应首先前往主人迎宾处，主动向主人问好。如果是庆祝活动，应表示衷心的祝贺，然后听从安排入座。正式宴会，在进入宴会厅之前，可先了解自己的桌次和座位，并按此入座，不要随意乱坐。对在场其他客人，均应微笑点头或握手互致问候。遇到长者，更应该热情、主动打招呼；对待女宾应彬彬有礼、落落大方。

3. 文雅进餐

（1）用餐坐姿：用餐的姿态要优雅得体，遵守坐姿礼仪。上身应保持挺直，腹部和桌子保持约一拳的距离。不能弯腰驼背，因为用餐时主要展现的是上半身，包括躯干、手臂、头部、嘴部的动作。吃东西时，要把食物送向口中，而不是低头探颈迎向食物，必要时上半身可以略向前倾，但尽量面向前方，不要埋头吃。双手可以放在桌面上，以手腕自然抵住桌边，或者把手放在腿上，不可把手肘搁在桌面上。不要一只手拿筷子，另一只手垂到桌下。用餐时，两肘应向内靠近身体，不能向外张开，以免碰及邻座客人。不要紧靠在椅背上，不可双手托腮，也不能将双手放在邻座椅背上。双脚不可随意远伸，也不要抖腿，以免影响他人。不要把玩桌上的餐具，也不要懒洋洋趴在餐桌上。

（2）用餐举止：进餐时要注意举止文雅，从容安静，不能急躁，应该细嚼慢咽。宴会上的谈话应该是自由随意的，但是与旁边的人说话，不宜用手去触碰对方，不要将背朝着另外一个人，也不要隔着他人与人交谈。说话要适度控制，不能口若悬河、滔滔不绝，也不要就某个问题与人争论，更不要在餐桌上嘲笑他人。宴会上相互敬酒表示敬重友好，也有热烈气氛，须注意敬酒碰杯时要注视对方，不能心不在焉，左顾右盼。切忌饮酒过量，避免失言失态。如不能喝酒，可以礼貌地告知大家。

4. 礼貌告辞

宴会结束，主人示意可以散席，方可退席，告辞时应礼貌地向主人道谢。要尽量避免中途离席，若确实有特殊原因需要早退，不能不告而别，应向主人说明原因，表示歉意，而后悄悄离去，不能惊动太多客人，否则会使宴会气氛受影响，甚至会引起众人一哄而散的结果。

第四节　西餐礼仪

一、西餐餐具的使用方法

西餐中，吃每一样食物都有特定的餐具，不能替代或混用。广义的西餐餐具包括刀、叉、匙、盘、杯、餐巾等。盘有大小不同的菜盘、垫盘、面包盘等。酒杯则分为葡萄酒杯、香槟酒杯、啤酒杯等。狭义的餐具则专指刀、叉、匙。刀分为食用刀、鱼刀、肉刀（刀口有锯齿）、黄油刀、水果刀；叉分为食用叉、鱼叉、肉叉、龙虾叉；匙分为汤匙、甜食匙、茶匙。正式宴会上，每一道菜均配有一套相应的餐具，并按菜单中安排的上菜顺序由外向内排列。

1. 西餐的餐具摆放　西餐餐具一般在开餐前都已在餐桌上摆好。正式的摆法是：就餐者席位正中心放垫盘，所有的餐刀放在垫盘的右侧，刀刃朝向垫盘。匙放在餐刀右边，匙心朝上。餐叉则放在垫盘的左边，叉齿朝上。最外侧是餐前沙拉食用刀叉，中间的刀叉吃鱼，最靠近垫盘的刀叉吃肉菜，都纵向平行放置，距桌边距离相等。吃甜品用的叉、勺，一般在最后使用，被横放在垫底盘的正前方。垫盘右前方放酒杯和水杯。面包盘、奶油盘、奶油刀置于垫底盘左前方，黄油刀供抹黄油、果酱用，不是用来切面包的。如有席位卡，则放在垫盘的正前方。餐巾或餐纸叠成花样插在水杯内或放在餐盘上。此外，如果餐具旁有一玻璃或金属水盂，盛有清水，有时还撒有花瓣，是供洗手用的，洗手时把手指轻涮一下再用餐巾擦干。

2. 使用方法

（1）刀叉：吃西餐时，要端正坐好，肩膀与手腕放松，两臂贴近身体，手肘不可过高或过低，右手拿刀，左手拿叉，叉齿朝下。如食用某道菜不需要用刀，也可用右手握叉，叉齿向上。餐刀要握紧，拇指按着柄侧，食指压在柄背上，其余三指弯曲握住刀柄。切割食物时，先将刀轻轻前推，再施力拉回下切，但不能与盘子发出摩擦声。除了用力才能切断的菜肴或刀太钝之外，食指都不能伸到刀背上。握刀时不能翘起小指。

叉齿向下的拿法，是以食指压住柄背，其余四指握柄的适当部位；而叉齿朝上时，则如铅笔拿法，拇指和食指按在柄的中央部位，其余三指支撑柄下方。

大块的食物应先从食物的左侧起，以餐刀切成一口大小，再送进口中。吃面条，可以用叉卷起来送入口中。不要把食物一次性切成若干小块，这是不合礼节的，应该边切边吃。细碎食物要用叉子将食物往竖起的刀面聚集，不需移动刀子，餐刀辅助将菜肴推到叉子上。刀尖必须与盘子保持距离，以免发出噪声。

在切食物时，刀叉呈直角，双肘下沉不能张开。餐刀、餐叉与桌面保持15°左右，角度太大或太小都会妨碍就餐。使用餐具时要控制力度，不能发出摩擦和撞击餐盘的声音。

每吃完一道菜，把刀叉并拢，刀锋朝自己，叉背朝下，并排竖放或斜放在盘上，服务员即知可收盘子了。

进餐中途临时离开座位时，应是刀右叉左呈八字形放在盘上，叉齿向下、刀刃向内放置，表示此菜尚未用毕。但不可将刀叉交叉放成"十"字形。西方人认为这是令人晦气的图案。

在西餐礼仪中，如果刀叉不慎碰落，应唤服务员来捡起，并替换新的餐具，因为把头探进桌子底下，姿势是不雅的。

用餐完毕将刀与叉并列于盘中，刀刃朝内，叉齿朝上。一般刀叉的前端是朝左上方，柄朝右下方斜放。叉子在内侧，刀在外侧。如果有汤匙，就放在最内侧。

除此之外，刀叉的使用还需要注意：不可用刀子直接刺食物送入口中，也不要舔刀刃上的调味汁；说话时先将刀叉放下，千万不要在交谈时，手在空中挥舞刀叉；不可将刀刃面向他人；牙齿只碰到食物，不要让刀叉在牙齿上发出声响。从大盘取菜时，应用公用叉匙，且左手持叉，右手持汤匙，取菜后应将公用餐具放回原处，不能用自己的餐具取菜或为别人布菜。

（2）餐匙：西餐中餐匙是一种不可或缺的餐具。在正式宴会中，匙有多种，较大的餐匙称为汤匙，通常摆放在用餐者右侧的最外端，与餐刀并列摆放，用来喝汤或盛碎小食物。较小的餐匙是用于甜品或咖啡、茶，横向摆放在吃甜品所用刀叉的正上方，与之并列。

汤匙在使用时，应用左手拇指尖接触汤盘的边缘，再将食指与中指扶住汤盘，右手以握铅笔的姿势握匙，匙由靠近自己的一侧伸入汤里往外舀，舀起的汤要一口喝完。喝汤时不要发出声响，不能怕烫用嘴吹凉，更不能用匙拨弄汤。取汤时，务必不要过量，忌舀得太满而溅出来。汤一旦入口，就要一次将其用完，不要一餐匙的汤，反复品尝好几次。舀汤时，忌很重地一勺到底，也尽量不要来回搅拌，忌汤匙碰到汤碗发出声音；面包是在喝汤时送来，但应先喝汤后吃面包，不能把面包撕成碎片浸泡于汤中。

已经开始使用的餐匙，不可再放回原处，以免弄脏桌布。汤没喝完还要继续喝时，汤匙就放在汤盘或汤碗里。汤喝完后，把汤匙搁在盘上，匙柄朝右，匙心朝上，表示可以收走了。不可以将餐匙插入菜肴当中，更不能让其直立于甜品、汤或咖啡等饮料中。使用餐匙时，要尽量保持干净清洁。餐匙入口时，应以其前端入口，而不是将整个餐匙全部含入口中。不能直接用茶匙去舀取红茶或咖啡等饮用。

（3）餐巾：西餐巾通常会被叠成漂亮的造型，放在垫盘中。餐巾有大小之分，形状上也有正方形与长方形之别。小的餐巾可以完全平铺在大腿上，大的方形餐巾则对角折或者前折三分之一，长方形餐巾，则可将其对折。折口朝膝盖方向，平铺在腿上。打开餐巾的动作，应悄然在桌下进行，不可以做抖开的动作。

餐巾的作用首先是防止弄脏衣服。其次是用来揩拭嘴唇，在用餐期间与人交谈之前，应先用餐巾轻轻地揩一下嘴唇，以免嘴唇上有食物残渣或汤汁。女士进餐前，可先用纸巾印除浮在嘴唇上的唇膏，避免在餐巾布上沾口红或印在杯子上。

餐巾还有一些暗示作用。宴会开始时，主人打开餐巾，表示可以开始用餐了；用餐中途暂时离开，可将餐巾放置于本人座椅的椅面上，表示用餐者只是暂时离开，之后还会回到座位上继续用餐；餐巾略叠成四分之一大小放到餐桌上时，表示用餐结束。无论是中途离开还是用餐结束，都应将餐巾折好并放置好，不要弄得褶皱不堪。

使用餐巾还应该注意一些细节：不能用餐巾擦汗；不要用餐巾去擦餐具，这等于对餐具的清洁不满；餐巾不要压在桌上盘碟的下面，也不要像围兜一样围挂在胸前，会让人感觉很孩子气，另外也不能将餐巾挂在椅背上。餐巾具有用来掩口遮盖的作用，在进餐中，可用餐巾遮挡口部剔牙，或是有不能下咽的食物，可用餐巾遮挡或包住后放到餐盘前端。

（4）洗指盅：洗手盅是用玻璃或陶瓷制成，内盛柠檬水等，有时放玫瑰花瓣点缀。洗指盅通常在非常正式的晚宴上才有，是专门供客人食用用手取食的食品时洗手指用的，如吃虾、螃蟹、蜗牛、蛤蚌、鸡等。在剥取食物过程中，要用手指剥，不要用到整个手掌。洗手指正确的方法是：将手指浸在水中轻轻清洗，先洗右手，再洗左手，不要同时洗两只手。洗指水只能用来清洗手指，千万不要把整只手在碗中清洗，避免将水溢溅出来。洗后手指用餐巾擦干净。

二、西餐礼仪规范

1. **座席安排**　西餐的座次排列与中餐有很大区别，中餐多使用圆桌，而西餐一般都使用长桌。正规餐座的个人座位宽度不应小于 60 厘米。若人数较多，也可采用 T 字形。宴会要避免使用 U 字形排列方法，这种排列方法只适合气氛比较严肃的商业谈判或会议。宴会桌次的高低依据离主桌位置的远近，右高左低，桌次多时应摆上桌次牌。同一桌上席位的高低也是依距离主位的远近而定，右高左低，以靠近者为上，依次排列。西方习俗是男女交叉安排，即使是夫妻也是如此。一般非官方接待，以女主人的座位为准，主宾坐在女主人的右上方，主宾夫人坐在男主人的右上方。

2. **上菜顺序**　西餐正式的上菜顺序是：

（1）开胃菜：味道以咸和酸为主，数量较少，常见的有鱼子酱、鹅肝酱、熏鲑鱼、焗蜗牛等。

（2）汤：西餐的汤大致可分为清汤、奶油汤、蔬菜汤和冷汤 4 类。

（3）副菜：副菜是西餐的第三道菜，一般包括水产类菜肴、蛋类、面包类、酥盒菜肴，此类菜肴一般比较容易消化，所以放在肉类菜肴的前面，有专用的调味汁。

（4）主菜：主菜是西餐的第四道菜，是指肉类、禽类菜肴。肉类菜肴最有代表性的是牛肉和牛排。常用烤、煎、铁扒等烹调方法。禽类菜肴的原料取自鸡、鸭、鹅等，食用最多的是鸡，常用煮、炸、烤等烹调方法。

（5）配菜：蔬菜类菜肴常与肉类菜肴同时上桌，也可以安排在肉类菜肴之后，所以也称配菜。蔬菜类菜肴有生蔬菜沙拉，一般用生菜、西红柿、黄瓜、芦笋等制作，配以沙拉汁。还有一些蔬菜是经过熟加工的，如煮菠菜、炸薯条等。

（6）甜品：西餐的甜品是主菜后食用的，如布丁、冰激凌、奶酪、水果等。

（7）咖啡、茶：西餐的最后一道是咖啡或茶，咖啡一般要加糖和淡奶油，茶一般要加香果片和糖。

3. **西餐食用方法**

（1）肉：切牛排等肉类时，叉头和餐刀越靠近，切起肉来就越平稳。牛排从 1~2 分熟到全熟分几种，点菜时可根据自己的喜好提出来。切肉菜一次切一口大小，然后用叉放进嘴里。不能切一块叉在叉子上再咬食，也不能一次全部切成小块，这样做既失礼，又会让鲜美的肉汁流失。咀嚼时，嘴不能张开，不要发出声音。口中食物未下咽前，不要再送食物入口。吃带骨肉时，用叉子叉住肉，再用刀子贴着骨头将肉切下来，然后将肉逐一切成一口大小享用。骨头可放在盘子一角。如果食用排骨，可先用刀从两条肋骨之间切开。

（2）海鲜：吃鱼时，首先用刀从头开始，往鱼尾方向将鱼的上面的肉剔下，先吃鱼的上层。然后将刀放在鱼骨下方，把鱼骨剔掉，把鱼头和鱼尾切掉，并挪到盘子的一角。接下来可以食用鱼的下层。切忌将鱼翻身，鱼刺可用拇指与食指捏出。吃鱼片时，细嫩的鱼肉很容易碎，可不用餐刀，直接用叉进食。吃龙虾时，可以左手叉住虾身，右手用餐刀从尾部开始，贴着虾壳把肉与壳分开，将整块肉取出，再切块食用。吃螺类或蜗牛时，可以左手拿着专用的夹子夹住壳，右手用叉子取出肉。吃贝类海鲜时，用左手捏着壳，右手用叉取出肉，蘸调味料吃。

（3）面包：面包不能直接咬，而应撕成小块用左手拿着食用，不要用叉子食用。吃硬面包时，可用刀先切成两半，再用手撕成块来吃。如果要抹黄油，不能用面包去蘸黄油，而要用黄油刀将黄油抹到面包上。

（4）面条：吃意大利面等面条类，不能直接用嘴吸，要用叉子卷起面条，每次卷四五根，卷成一团后，放入口中，可以用汤匙配合叉子一起。

（5）水果：西餐中，食用水果，要使用刀叉等餐具。带皮水果，如苹果、梨及瓜类水果，不能直接咬，应先用水果刀切成四瓣，用刀叉配合去掉皮、核，再切成小块，然后用叉子取用；水分多的水果，如猕猴桃等，用小汤匙取食；香蕉要用刀叉去除头尾，从中间切开、剥皮，然后切成块片状，用叉子食用；葡萄可以用手去皮，葡萄籽要吐在自己手心里或餐巾纸中，然后放在自己的果碟里。

（6）甜点：蛋糕及软饼类可用小叉子直接插取；较硬的则需要用刀切开后用叉食用；如果是小块的硬饼干，可以直接用手取用；冰激凌或布丁等用小汤匙取食；有时冰激凌会附上一块暖舌用的小饼干，可与冰激凌交替着吃，但不可以将冰激凌放在饼干上食用。

（7）汤：喝汤时，应用汤匙由内向外、从后向前舀起汤匙八分满的汤，汤匙的底部在汤盘边上刮掉汤汁后，将汤匙横放在下唇的位置与嘴部呈45°角，将汤送入口中。喝汤时，身体的上半部可略微前倾，以免汤汁滴落在衣服上。当汤剩下不多时，可用手指将汤碗外侧略微抬高，将汤用完。如果汤是用有握环的碗装的，可直接握住握环端起来喝。喝完汤，将汤匙留在汤盘（碗）中，匙柄指向自己。汤不能啜着喝、不可以将勺头对着嘴喝、不可将勺子全部放进嘴里。

（8）咖啡和茶：喝咖啡或茶时，杯把很小，指头无法穿过，需要用拇指和食指捏住使用。配套的小汤匙，用来搅拌糖和牛奶，不要用糖罐或奶精罐中的汤匙来搅拌自己的饮品。饮用时，汤匙放在碟子上，不能用汤匙舀着喝，碟子不能端起来。

4.西餐用餐禁忌

（1）就餐时不可狼吞虎咽。不喜欢吃的食物也要一点放在盘中，以示礼貌。

（2）饮酒碰杯，即使不喝，也应该将杯口在唇上碰一碰，以示敬意。当别人斟酒时，如不要，可简单地说一声"不，谢谢"，但不能用手遮盖酒杯，这是很不礼貌的。

（3）不可在用餐时抽烟，直到上咖啡表示用餐结束时方可。如在附近有女客人，应有礼貌地询问女士是否介意。如有餐厅明确规定不许在室内抽烟，就一定严格按照要求。

（4）进餐时应与周围客人交谈，但应避免高声。不要只同熟人交谈，周围客人如不认识，可自我介绍。别人讲话不可插言。

（5）进餐时，不要当众解纽扣或脱衣。如需脱下外衣，应转身解纽扣，脱下的外衣搭在椅背上，不要将外衣或随身携带的物品放在餐台上。

（6）召唤侍者时，可以抬头看向侍者，等待自己的视线和侍者交汇后以眼、头示意，或者举手轻召一下。切忌拍掌、弹响指、大声召唤等行为。

（7）吃剩的菜、用过的餐具都应放在盘内，忌放置在桌上。

（8）宴请中，如遇到有宗教信仰的客人做餐前祈祷，忌在此时喧哗。

第五节　中餐礼仪

一、中餐餐具的使用方法

中国的饮食文化历史悠久，饮食礼仪是饮食文化的重要部分，也是中国传统文化的重要体现。中餐餐具，包括筷子、匙、碗、盘、碟、杯、湿巾、牙签等。

1. **筷子**　筷子是中餐必不可少的餐具，用于夹取食物或菜肴。筷子是成双、等长、同色、同质地。摆放时应整齐，小头向里，搁在筷架上或放在自己的菜盘上，大头在桌沿内。席间暂时放下筷子时，应按开始的样式摆放好。

使用筷子要注意一些细节：开餐时，主人动筷后，众人才能跟着动筷；握筷子一般用右手，握的位置要适中，不可过高或过低；每次用完筷子要轻轻地放下，尽量不要发出响声；给别人递筷子，不能随手掷在桌上；筷子不能一横一竖交叉摆放，不能把大头和小头并放；筷子不能搁在碗上，以免滑落；夹菜时，不能用筷子在菜盘里搅来搅去，要注意避开其他客人的筷子，不要去夹对面较远的菜肴；夹菜动作利落，避免将菜汤流落到其他菜里或桌子上。

使用筷子不能有以下举动：用筷子叉住食物放进嘴里；用舌头舔食筷子上的食物；用筷子去推动碗、盘和杯子；把筷子插在饭碗里；说话的时候，挥舞筷子；用筷子敲打碗碟、桌面，用筷子指点他人等，这些都是失礼的行为。

2. **汤匙**　汤匙也称为调羹或勺子，主要作用是舀取细碎菜肴或汤食，也可以辅助筷子取食，但是尽量不要用汤匙单独取菜。使用汤匙时，右手持汤匙的柄端，食指和拇指在上按住柄，中指在下支撑。用汤匙取食物，宜盛到八分满，不要舀得过满，以免溢出弄脏餐桌或衣服。在舀取食物后，可在菜盘或汤碗边轻刮一下，以免汤汁流下。

用餐期间，暂时不用汤匙时，应放在汤匙架上或身前的碟子上，不要直接放在餐桌上，也不要插入饭中；食物太烫时，不可用汤匙搅来搅去，也不要用嘴对着汤匙吹凉，应把食物先放到自己碗里晾一下再食用；不要把汤匙全部塞到嘴里，或是反复舔食匙内的食物；使用汤匙时，不要与碗、盘碰撞摩擦发出声响；西餐使用汤匙是从内往外舀，中餐使用是从外向里舀；汤匙使用范围始终以不离碗、盘正上方为限，以避免汤汁滴落在碗、盘的外面；用汤匙喝汤时不能发出响声。如果汤是使用单独的汤盅盛放的，汤喝完后，将汤匙取出放在垫盘上。

3. **碗**　中餐的碗用来盛饭、汤。在正式场合用餐时，不要端起碗来用餐，尤其是不要双手端起碗来；碗内食物，不可直接倒入口中，也不能用舌头舔食；暂时不用的碗不宜往里面乱扔其他物品，如用过的纸巾、牙签等；不能把碗扣过来放在餐桌上。

4. **盘子**　中餐的盘子有很多种，主要用以盛放各类食物，稍小点的盘子称为碟子。盘子在餐桌上一般应保持原位，不轻易挪动，而且不宜多个叠放在一起。用餐者面前都有一个盘子，称为食碟，用来盛放从公用的菜盘里取出的菜肴。使用食碟时，要注意取放的菜肴不要过多，也不能繁乱不堪；不要将多种菜肴堆放在一起，容易混味，也不美观；不宜下咽的残渣、骨头、鱼刺不能吐在地上、桌上，而应使用筷子夹放到食碟前端，但不要与菜肴混放。如食碟里的弃物堆满了，可示意让服务员换食碟。

5. **水杯**　中餐的水杯主要用于盛放清水、茶水、果汁等饮料。注意不要用水杯来盛酒，也不要倒扣水杯。另外需注意喝进口里的东西不能再吐回水杯里。

6. **牙签**　餐桌上的牙签用于剔牙、扎取螺类海鲜或水果。在餐桌上，尽量不要当众剔牙。非剔不可时，应以手或餐巾掩住口部进行。剔出来的残渣，要用纸巾擦掉并遮盖；不要长时间叼着牙签；不能用剔过牙的牙签去叉取食物。

二、中餐礼仪规范

1. **座次安排**　中餐礼仪文化很丰富，座次安排是饮食礼仪中非常重要的一部分。一般正式场合按照职位高低来安排座次，非正式场合则按辈分和年龄。中餐一般使用圆形餐桌，座次是以右为尊、面门为尊。正对大门的为首席，主人通常在此位就座。宴会中有多张桌席时，主桌一般在最显眼的地方，为最前面或最居中，距离主桌的远近是决定其他桌次高低的主要标准。每个座位面前都摆有筷子、汤匙、盘、碟、碗、茶杯、酒杯、餐巾等。

2. **上菜礼仪**　中餐在正规宴请时，上菜有严格的分类和顺序，一般讲究的上菜顺序是先凉后热，在口味上，先清淡，后浓厚。客人坐定后，首先上茶，用来清口。接下来的上菜顺序是：

（1）凉菜，指凉拌菜、熟食拼盘，是开胃菜。

（2）热菜，以炒、炸、烧、蒸等方法烹饪。

（3）主菜，指鱼、肉类菜品。

（4）汤，各类羹汤，也包括甜汤。

（5）主食、点心，除米饭、面食类，也包括各种精制点心。

（6）水果，用以爽口，消除油腻感。

以上顺序并非一成不变，贵重的如燕窝、鱼翅等也可为热菜中的头道菜。凉菜、热菜、主菜的道数通常是偶数，因为中国人认为偶数是吉数。上菜的同时要注意菜品按一定格局摆放好，要讲究造型艺术并方便食用；摆菜的位置要适中，突出主菜，注意上菜的位置和摆放首先要方便主宾。

3. 用餐礼仪　中餐的用餐禁忌较多，也非常注重礼仪：

（1）夹菜：一道菜上桌后，须等主人或尊者先夹第一筷子。然后等到菜转到自己面前时再夹取，不可抢在邻座前面。应使用公用筷子或公用汤匙在公盘里取菜，放到自己的菜碟中，再用自己的筷子或汤匙慢慢食用。一次夹菜量不宜过多，也不要刚夹一样菜放于盘中，紧跟着又夹另一道菜；夹菜不能犹豫，不能把已经夹起的菜又放回公用菜盘中；夹菜中如果不小心掉落在桌上，切不可将其放回公盘内，而应放到自己菜碟的一角，不要再食用；遇邻座夹菜要避让，不能让筷子发生碰撞；如果照顾邻座，帮其夹菜，不能使用自己的筷子，而应使用公筷，没有公筷时，要用邻座客人的筷子为其夹菜。如果邻座是外宾，不要帮助夹菜，因为一些国家没有这个习惯。

（2）吃带骨食物：食用带骨食物，如吃鸡、排骨、鱼等，用手直接拿取会不雅观，应该使用筷子来吃。骨头或鱼刺应用筷子或汤匙接住放到自己餐碟的一角。

（3）喝汤：喝汤不能发出响声，应该姿势端正，把汤送到嘴边慢慢咽下，这样便不会发出异响；刚端上桌的汤如果太热，可以等自然凉后再喝，不可以口对着热汤吹气，既不卫生，也不雅观；不要端起汤碗直接对口喝，而应使用汤匙一口一口地喝，当汤碗里的汤将喝尽时，可用左手将汤碗稍转为内倾，再以右手持汤匙舀汤喝尽。

（4）吃面条：中国人习惯使用筷子吃面条，但应注意动作要轻，面不能带着汤乱溅。可以用筷子卷绕面条，再送入口中，这样的吃法可以避免由于向嘴里吸面条而发出声响。

4. 用餐注意事项

（1）上桌后不要先拿筷子，应等主人邀请大家开餐时再拿筷子。餐桌上不要把玩餐具，尤其忌讳不能敲盘打碗，用餐时餐具之间不得发出摩擦和碰撞声响。

（2）餐巾放在膝盖上，防止食物掉落，弄脏衣服，不可以用来擦脸，用餐结束后将餐巾叠好，放在桌面上，不可以揉成一团。餐桌上如果提供湿毛巾，不要用来擦脸、擦嘴、擦汗，只能用来擦手。

（3）用餐时，切忌狼吞虎咽，呼噜作声；咀嚼时要闭上嘴唇，不能发出声音。当嘴里含着食物时，不要张口与人交谈；说话时不可高声喧哗，影响他人进餐，也不可在说话时喷出口水。

（4）咳嗽或打喷嚏时，把脸侧转后用手或纸巾捂着嘴，以免失礼，转回身时说声抱歉；餐桌上尽量不清嗓子吐痰，否则会影响他人的食欲；不要不加控制地打饱嗝，否则会给人留下行为粗鲁的印象。

（5）用餐速度既不要太快，也不要过慢。与长辈或尊者一起用餐时，不能先结束用餐。

（6）筷子不要伸得太远，更不能站起来夹取远处的食物；不要在菜盘里翻找自己想要吃的菜；筷子夹起的菜不要在公盘上抖落汤汁；筷子碰到的菜必须夹过来自己吃掉；夹菜和食用带骨或带壳类食物时，动作要轻、幅度要小。自己面前的餐桌要保持清洁，不能一片狼藉，不要往地上和桌椅下扔东西。

（7）无论转桌还是倒茶、敬酒，都要按顺时针方向；给他人递水、递物一定要双手；帮别人倒茶倒水后，壶嘴不要对着别人；不要反复向旁边的人劝菜、劝酒，也不要把自己认为最好吃的菜夹到别人碗里，以免引起反感。在照顾他人时应使用公筷、公勺，尽量是让菜不夹菜。

（8）遇到不能下咽的食物时，用餐巾纸把嘴捂住，快速地吐到餐巾纸上。如果食物中有异物，如虫子，不要夸张叫喊，以免影响别人的食欲，最好悄悄处理掉，或心平气和地要求换掉。

（9）用餐期间，不要长时间低头看手机或打电话，会给人留下没有兴趣与人交流或饭菜不可口的印象，会令宴请者感到尴尬和不快。用餐期间如果不是因为敬酒或照顾客人需要，最好不要随意起身走动。

（10）一般吃水果后宴会结束。当其他客人还没吃完时，不要先离席。应等主人起身，宣告宴请结束，主宾离席时再致谢退席。

第六节　自助餐礼仪

一、什么是自助餐

自助餐源于德国，是厨师将烹制好的冷、热菜肴及点心、水果、酒水等陈列在长条桌上，就餐者根据个人的喜好，在既定的范围之内，自己动手选取食物。自助餐是一种非正式的西餐宴会，在大型的商务活动中尤为多见。用餐中，来宾可站可坐，可边吃边交谈，可与他人一起，也可独自享用，由于形式不拘一格，自助餐越来越受到中外人士的喜爱。

二、自助餐礼仪

1.**取菜注意事项**　自助餐应了解合理的取菜顺序。西式自助餐，取菜的顺序是凉菜、汤、主菜、烘烤食物、甜点、水果；中式自助餐取菜的顺序是凉菜、热炒、主菜、汤、点心、主食、水果。在取菜之前，先取一只食盘。取菜时最好一次只取一种或者几种口味等相近的食物，不宜将冷热、咸甜等不同口味的食物混放在一个盘子里，这既影响口感，也不美观。取菜时，如果人数较多，须自觉按照先后顺序排队取食物，不能逆向取菜，不能乱挤、乱抢、乱插队。轮到自己取菜时，应以公用的餐具将食物装入自己的食盘之内，然后迅速离开。不要犹豫不决，让身后人久等，更不应该在公盘内挑拣。取菜可以遵循少取多次原则，不要为图省事而一次取用过量，盘内装得太多，食物间相互串味，还容易造成浪费。避免在自己面前同时摆放多个盛满食物的餐盘。再次取菜时，不使用已用过的餐盘。

2. **就餐注意事项** 自助餐只允许就餐者在用餐现场内享用，不允许在用餐完毕之后携带食品离开。有些自助餐厅要求在用餐结束之后，用餐者将餐具收至指定处，有此要求时，要配合整理餐具。也有一些自助餐厅可以在离去时将餐具留在餐桌上，由侍者负责收拾，即便如此，亦应在离去前对餐具稍加整理，不要弄得餐桌上杯盘狼藉，不堪入目。

自助餐是自由就座，可以站，也可以坐，有些自助餐甚至不提供座椅，为了方便大家自由交际。一般来说，参加商务自助餐时，交际活动是主要目的。所以，不应当以不善交际为由，躲在僻静处埋头吃，或者来了就吃，吃完就走，要注重与他人的交流。在自助餐上，难免会有熟人，有时需要主动并适度照顾他人，照顾的时候，可以介绍菜肴，但是不能够把自己的菜肴分给他人，以免引起尴尬。吃自助餐时，着装不必过于隆重，但也不能过于随意，要做到形象自然。自助餐时间比较自由，不要求像参加正餐宴会那样准点到场，或与大家同时退场。

第七节　饮酒礼仪

酒都能够起到增添喜庆和欢乐气氛的作用，使宴会充满生机，使陌生人之间的拘谨快速消散。但是喝酒也要讲究礼仪，只有合乎礼节的饮酒才能真正使宴席气氛融洽、富有情趣，甚至富有文化。

一、中餐饮酒礼仪

中国的酒文化已历经数千年，不论是逢年过节、喜庆筵席、还是亲朋聚会，日常家宴，酒一般都是不可缺少的。中餐宴请中，稍微正式一点的宴席也会被称之为酒席。

1. **斟酒礼仪** 请客人饮酒，务必在斟酒前把酒瓶拿给客人看清楚，当场启封。酒杯各自大小要一致。第一杯酒，主人应亲自为所有的客人斟酒，可以先给主宾、长辈、远道客人斟酒，也可以从自己所坐之处顺时针方向逐个斟酒，最后才轮到给自己倒酒。在斟酒前，可以在酒瓶的瓶颈处垫上一条白色的毛巾或餐巾，用来防滑。斟酒时，酒瓶的瓶口要尽量朝上，以免酒从瓶中洒出来。为客人斟酒时应站在客人的右侧，酒杯不要拿起来，应放在餐桌上，但瓶口不能与酒杯相碰。斟酒需要适量，不能斟得过满溢出。对于不喝酒的人，斟酒者应该持理解的态度，不要强人所难。

2. **接受斟酒礼仪** 接受斟酒时，酒杯置于桌上原处即可，以手扶杯，起身或俯身，对斟酒者微笑或语言致以谢意。如果不会喝酒或由于特殊原因不能喝酒，不要以强硬的态度拒绝，以免影响宴会的气氛，也不要动手把杯子移开，或捂住杯口，这是非常不礼貌的。通常可以婉言谢绝，解释一下不饮酒的原因，然后主动地要一些非酒精类饮料，如果汁、茶水等。

3. **敬酒礼仪** 敬酒时，身体站直、站稳，以双手举起酒杯，端举到眼前。态度热情、大方，敬酒过程中始终微笑目视对方。敬酒要适可而止，不能借敬酒之名，灌醉别人。在敬酒中，通常要先敬本桌上的长者或主宾，然后按顺时针方向依次敬酒。切忌跳跃式敬酒，这是极其失礼的举止。有时为了表示诚意和尊重，可以离席到某位宾客面前敬酒。碰杯时，要注意不能用力过猛，不要非听到撞击声不可。向长辈或尊者敬酒，出于敬重之意，自己的酒杯应较对方低一些。

4. **饮酒禁忌** 饮酒能反映出一个人的格调、品位和修养。优雅的饮酒，应始终保持风度，不能让别人听到自己的吞咽声，不能忘乎所以的开怀畅饮，甚至任凭酒水顺着嘴角往下流，显得狼狈粗俗。饮酒不能争强好胜，故作洒脱，在正式的宴请中，要根据自身情况控制酒量，应控制在自己正常酒量的一半以下，不要饮酒过量，不仅伤害身体，而且容易失态失礼，惹是生非。

5. **祝酒技巧** 祝酒是根据宴请性质，通过简短真诚的话语表达祝愿、祝福之言，往往会使现场氛围热烈而欢快。祝酒词可以表现一个人的风度、文采、幽默。如果想表现得温馨，可以增加一些回忆；如果想表达敬意和谢意，可以增加一些赞美；如果想活跃气氛，可以增加小笑话。要注意的是，祝酒词应当与宴会性质及气氛相吻合。主人祝酒后，客人可以祝酒。祝酒者如果酒力不足，可以不把酒杯里的酒喝尽。

二、西餐饮酒礼仪

西餐中，往往要饮用多种酒，饮酒的规律一般是，低度酒在先，高度酒在后；淡味的酒在先，浓味的酒在后；有汽的酒在先，无汽的酒在后；普通酒在先，名贵酒在后；新酒在先，陈年的酒在后；白葡萄酒在先，红葡萄酒在后。一餐中选用的酒最好出自同一产地。酒水与菜品搭配，按国别是比较讲究的，如法国菜搭配法国的红酒。

西餐宴会中的酒，可以大体分为餐前酒、佐餐酒、餐后酒三种，每一种又有不同类别：餐前酒，也称为开胃酒，是在正式用餐前，或在吃开胃菜时饮用的。一般人们喜欢的餐前酒有鸡尾酒、香槟酒等；佐餐酒，是在正式用餐时饮用的酒。西餐中，酒水与菜品的搭配，原则上是"白肉配白酒，红肉配红酒"。食用白肉，即鱼肉、海鲜、鸡肉时，须饮用白酒；食用口味较浓的红肉，即牛肉、羊肉、猪肉时，须饮用红酒。油炸的肉食，配味淡的红酒；餐后酒，指用餐结束之后，用来帮助消化的酒，一般是香甜酒。

西餐中，饮用不同的酒，要使用不同的酒杯。在每一位用餐者餐具的右前方，都会横排摆放酒水杯，一般包括香槟杯、白酒杯、红酒杯以及水杯等。可依次由外侧向内侧使用，亦可跟着主人选用。通常有侍者将酒倒入酒杯，这时不要动手去拿酒杯，而应把它放在桌上由侍者去倒。喝酒时绝对不能吸着喝而是倾斜酒杯，慢慢倒入口中。饮酒中，不能有失礼的表现：如一饮而尽、边喝边透过酒杯看人、边说话边饮酒、边吃东西边饮酒等。另外，如果女士不慎将口红印在杯沿上，不要用手指擦，而应用面巾纸擦。

三、饮用红酒的礼仪

随着现代生活的发展，红酒文化已经不仅属于西方，中国的餐饮宴席中，红酒也已成为不可或缺的重要内容。倒酒、持杯、品尝，都有着一系列严谨的礼仪规范。

1. **酒杯**　喝红酒通常选用的是无色玻璃高脚杯，无色玻璃有利于视觉鉴定酒色，高脚是用于握持，避免手直接接触杯体，手温会影响酒的温度。杯子一般较大，杯口较小，是为了酒在杯中有足够的空间凝聚和保留芳香。

2. **醒酒**　醒酒要使用醒酒器，醒酒器是一种长颈大肚的玻璃器皿。饮用红酒前，先将瓶里的酒倒入醒酒器。醒酒的目的是让酒与空气充分接触，从而使酒中的丹宁酸快速氧化，去除酒中的腥气，留住滑润芳香的纯正口感，使用醒酒器还可以隔开酒里的沉淀物。

3. **斟酒**　在西餐宴席中，斟酒的顺序，是按照以右为尊的原则，从主人的右面第一位女士开始，然后按逆时针方向斟给第二位、第三位女士，再依次斟给男士，最后再斟给主人。

4. **倒酒**　喝红酒不能像喝啤酒一样畅饮，不能把酒倒满，最多倒至杯中的三分之一处，是因为红酒的芳香要通过摇晃酒杯散发出来，只有留够空间，在摇晃酒杯时才不会使酒溢出。

5. **握杯**　正确的握杯姿势应该是大拇指、中指和食指握住杯脚，这一方面防止将手上的温度传导给红酒使酒温升高，影响口感，另一方面也是为了避免手指印留在杯身，影响对酒的观赏和酒杯的美观。

6. **摇杯**　红酒入杯后不要即刻饮下，应该先摇一摇杯，目的是释放酒的香气，同时也使酒充分氧化，口感更加柔和。摇杯时，动作不能过大，避免将酒洒到外面。

第八节　饮茶礼仪

中国是茶叶的原产地，茶叶产量堪称世界之最。茶文化是中国传统文化的重要组成部分，伴随着社会的发展与进步产生并兴盛。饮茶在中国，不仅是一种生活习惯，更是影响着人们的行为意识和精神生活，提高了人们的文化修养和艺术鉴赏水平。当今社会，茶已经成为多数人生活的必需品，日常生活和社会交往都离不开茶。中国人习惯以茶待客，并形成了相应的饮茶礼仪。

一、茶及茶具的分类

1. **茶的分类**　茶类的划分有多种方法，根据制作方法的不同，可分为六大类：绿茶、白茶、黄茶、青茶（乌龙茶）、黑茶、红茶。

（1）绿茶：是不发酵茶，基本特征是叶绿汤清，清香，外形和色泽清纯淡雅。

（2）白茶：是轻微发酵茶，基本特征是色白隐绿，汤色黄白，清香甘美。

（3）黄茶：是轻发酵茶，基本特征是叶黄汤黄、金黄明亮，甘香醇爽，制作工艺接近绿茶。

（4）青茶：是半发酵茶，基本特征是青绿金黄，清香醇厚。因外形青褐，故称为青茶，也称为乌龙茶。

（5）黑茶：是后（全）发酵茶，基本特征是粗大黑褐、陈香醇厚。

（6）红茶：是全发酵茶，基本特征是香高、色艳、味浓，叶红汤红，滋味浓厚甘醇。

2. **茶具的分类**　中式茶具，一般包括茶壶、茶杯（碗）、茶托和茶盘等。有人喜爱用精美独特的茶具，也有人喜爱用简单质朴的茶具。常用的茶具按照质地可分为五类。

（1）陶土茶具：以江苏宜兴的紫砂茶具为代表，泡茶能保持茶叶原味，传热缓慢、不会烫手。并且茶具使用的时间越久，泡出的茶香味越纯正。

（2）瓷质茶具：分为青瓷茶具、白瓷茶具、黑瓷茶具和彩瓷等，白瓷最能反映出茶汤色泽，瓷杯传热保温较为适中。

（3）玻璃茶具：透明度高，但传热快，不透气，茶香易损失。

（4）金属茶具：是指由金、银、铜、铁、锡等金属材料制作而成的茶具。

（5）陶瓷茶具：元代以后，陶瓷茶具的兴起，逐渐替代了金属茶具，因为用金属茶具泡茶，尤其是锡、铁、铅等茶具，会使"茶味走样"，但用金属制成的贮茶罐密闭性较好，防潮、避光，更有利于散茶的保藏。

（6）保温杯：优点是便携保温，但容易使茶叶泡熟，产生熟汤味，影响茶的口感。

二、待客的礼仪

1. **备茶**　备茶指的是向待客的茶壶或客人的杯（碗）中放入茶叶，要注意茶具不能有破损和污垢。另外放茶之前要先洗手，这既是卫生的需要，更是对客人的尊重。放茶时要用茶匙，即便洗过手了也不应该用手去抓茶叶，以免手上的气味影响茶叶的品质，另外也不雅观整洁。

要按照茶叶的品种和饮用人数决定放入的茶叶量，茶叶过多，茶味会过浓；茶叶太少，冲出的茶颜色和味道都太淡。放茶前，可提前问询客人喜欢喝什么茶，是否有喝浓茶或淡茶的习惯，再按照客人的口味把茶冲好。如果客人要饮用红茶，也可准备好方糖和奶，由客人自己取放。招待客人，切忌用旧茶或剩茶，必须泡新茶。

2. **斟茶的礼仪**　斟茶，指的是往茶杯（碗）中加入沸水，或由茶壶倒入茶水。作为主人接待客人，应先给客人斟茶。注意斟茶时，八分满为宜，不能将水斟满，要勤斟茶，不要等客人杯（碗）中露底。正规场合上茶，应把茶杯放在茶托上，主人给客人敬茶时，应双手托起茶杯，同时说"请"；客人双手接过茶杯的同时要说"谢谢"。如果主人是站立敬茶，客人也应该站立接茶。客人多时，应先给主宾上茶，按照长幼的顺序来决定斟茶的先后顺序。

三、饮茶禁忌

各类茶都具有各自的特色，而不同的人对茶又有着各不相同的爱好。一般情况下，主人在上茶前会向客人征求意见，提供几种茶叶请客人任选一种，客人应在主人提供的品种中选一种，例如，主人提供红茶、绿茶，不要提出要求喝其他品种的茶，这是很不礼貌的。如果不习惯饮茶，应在主人准备茶前说明，若没来得及说明，而茶已经端上来，此时，最好少量饮用一些。饮茶时应慢慢地啜饮，认真品尝，这既体现了对主人的尊重，也表现出了自己修养，切忌大口吞饮，也不要发出下咽的声音。茶水太热的话可以等水温自然凉下来，而不要用口直接去吹。饮茶时如水面有漂浮的茶叶，可用茶杯（碗）盖将其轻轻拂去，或用嘴将其轻轻吹开，不可吃茶，也不可用手将其捞出，又随手扔在地上。有杯耳的茶杯，饮茶时应以右手拇指、食指和中指捏住杯耳；无杯耳的茶杯，应以右手握住茶杯的中部。不要双手捧茶杯，也不要用手托起杯底或握住杯口，这既不卫生也不礼貌。如果是带杯托的茶杯，可以用左手将杯托连茶杯端至左胸高度，然后以右手端起茶杯饮用。茶匙是用来搅拌放了糖、奶后的茶水的，搅拌后应将茶匙取出放在茶盘上，不可用茶匙舀茶喝，也不要将茶匙留在茶杯里。

第九节　饮咖啡礼仪

一、咖啡起源

咖啡是用经过烘焙的咖啡豆制作出来的饮料，与可可、茶同为世界的三大主流饮品。"咖啡"一词源于希腊语，意思是"力量与热情"。阿拉伯人最早把咖啡当作胃药帮助消化，逐渐发现咖啡有提神醒脑的作用，同时由于伊斯兰教规严禁教徒饮酒，于是就用咖啡取代酒精饮料。15世纪，到圣地麦加参加朝圣的伊斯兰教徒将咖啡传播到自己的居住地，使咖啡逐渐流传到埃及、叙利亚、伊朗、土耳其等地，之后传入欧陆，18世纪正式命名"Coffee"。饮用咖啡逐渐形成一种文化，与时尚、现代生活联系在一起，人们通过共同饮用咖啡进行社交、商务等交际和沟通活动，饮咖啡的举止礼仪也体现着个人的修养和文化内涵。

二、咖啡的种类

咖啡的种类很多，有些是按咖啡豆的产地不同分类，有些是按照咖啡的制作方法不同分类。现今的咖啡约有100多种，最好的产地是在巴西，每年全世界30%的咖啡是从巴西生产出来的。

按照制作方法不同，人们日常饮用的咖啡主要有：

1. **摩卡咖啡**　摩卡咖啡是一种最古老的咖啡，是由意大利浓缩咖啡、巧克力酱、鲜奶油和牛奶混合而成。

2. **冰咖啡**　冲泡咖啡注入沸水后，在炉火上加温二三次，可以消除咖啡中的苦涩，颜色也会加深，而产生冰咖啡专有的清爽风味。

3. **意大利咖啡**　从过滤器里缓缓滴落，深红棕色，油含量达到10%~30%，香味浓郁。

4. **爱尔兰咖啡**　热咖啡中加入砂糖、爱尔兰酒，然后再加入鲜奶油。

5. **维也纳咖啡**　由浓缩咖啡、鲜奶油和巧克力混合而成，分三段式的变化口味，喝的时候上面是浓香柔和的冰奶油，中间有润滑纯正的咖啡，下面是香甜的巧克力糖浆。

6. **焦糖玛琪朵**　由香浓热牛奶加入浓缩咖啡、香草，最后淋上纯正焦糖而成。

7. **卡布奇诺**　以等量的浓缩咖啡和蒸汽泡沫牛奶混合制成的意大利咖啡。

8. **拿铁咖啡**　意式拿铁咖啡是由纯牛奶加咖啡制成，美式拿铁是将牛奶替换成泡沫牛奶。

9. **白咖啡**　白咖啡的颜色并不是白色，但是比普通咖啡颜色浅，通常是采用较名贵的精选咖啡豆低温烘焙，而且完全不掺杂杂质，保留咖啡原有的香味，低咖啡因、味道纯正，甘醇芳香。

10. **黑咖啡**　黑咖啡是不加任何调味的咖啡，强调咖啡本身的香味和苦味，让人觉得更有深度。

三、饮咖啡的艺术

1. **咖啡杯碟的用法**　在正式场合中，咖啡杯是放在碟子上的。咖啡杯的杯耳较小，手指无法穿进去，持杯时，右手拇指和食指捏住杯耳。碟子的作用主要是用来放置咖啡匙，并接收溢出杯子的咖啡。饮咖啡时左手轻轻托起咖啡碟，右手端起杯子轻声饮用。

2. **咖啡匙的用法**　咖啡匙的作用主要是搅拌牛奶、奶油或糖，咖啡在喝之前应细细搅拌，搅拌时应使用咖啡匙在咖啡杯中心由内向外划圈，到杯壁再由外向内反方向划圈，这种方法可以使咖啡搅拌均匀。搅过咖啡后，咖啡匙上粘着咖啡，可轻轻顺着杯子的内壁将汁液刮掉，不能拿起咖啡匙甩动，或用舌头舔咖啡匙。方糖放入咖啡杯，可以搅拌或等方糖自然融化，不能用匙去捣碎杯中的方糖。搅拌之后不要将咖啡匙放在咖啡杯里，应平放在咖啡杯下的托碟里。

3. *咖啡加糖* 饮咖啡时，可根据自己的口味加糖。方糖要用专用糖夹去取，不可直接用手拿。夹取时，先放匙上，再慢放入杯中，以免液体溅出弄脏衣服或桌布。砂糖可用咖啡匙从盛糖的器皿中舀取，加入杯中。若是袋装的砂糖，在撕开时，要注意用手指和手腕的力量而不要用手臂的力量，动作要稳，以免动作太大，洒到外面或打翻其他物品。

4. *饮咖啡的注意事项*

（1）刚煮好的咖啡太热，可用咖啡匙在咖啡杯内轻轻地搅拌使之冷却，或是等候其自然冷却，然后再饮用。不可用嘴去把咖啡吹凉。

（2）饮咖啡时，为了不伤肠胃，往往会同时准备一些甜点或干果类的小食品。饮咖啡时可以吃食品，但不能一手拿杯，一手拿食品边饮边吃。饮咖啡时应把食品放下，吃食品时就把咖啡杯放下。

（3）在咖啡厅里，不要大声喧哗，也不要大声呼唤服务员。走路和落座的声音要轻，饮咖啡时举止文雅，不能大口吞咽，应该小口、少量细品、慢饮。不宜满把握杯，也不宜俯首埋头喝咖啡。若咖啡洒落在碟子上，可以用纸巾吸干。与人交谈，声音要轻，以免打扰旁人。

思考与练习

1. 什么是宴会？

2. 请简述西餐的上菜顺序。

3. 请简述喝汤的注意事项。

4. 请简述西餐用餐禁忌。

5. 请简述使用筷子的注意事项。

6. 请简述中餐的座次安排。

7. 请简述自助餐就餐注意事项。

8. 引用红酒时使用醒酒器的目的是什么？

社交礼仪

日常生活礼仪

课题名称： 日常生活礼仪

课题内容： 1.家庭礼仪

2.交通出行礼仪

3.公共场所礼仪

4.校园礼仪

5.生日、婚丧礼仪

课题时间： 4课时

教学目的： 使学生掌握日常生活礼仪的详细内容

教学方式： 理论讲解

教学要求： 重点掌握日常生活礼仪的方法及注意事项

课前准备： 提前预习大众礼仪内容

第五章　日常生活礼仪

作为一名模特，应不断提高自身综合素质，建立文明得体的个人良好形象。即使在日常生活中，也应该努力加强自身修养，形成美好高尚的言行。

第一节　家庭礼仪

家庭礼仪是指人们在长期的家庭生活中，通过沟通思想、交流信息、联络感情而逐渐形成的约定俗成的行为准则和礼节，是增强家庭凝聚力，巩固和维护家庭正常关系的纽带。

一、子女对待长辈的礼仪

尊敬长辈，是中华民族的传统美德。人类社会是一个世代繁衍生息的链条，在这个链条上，每一代人都起着承上启下的重要作用。如果没有上一代哺育下一代，以及对社会的贡献，人类社会就不会蓬勃发展。家庭是社会的组成元素，对长辈的尊敬，应当从对自己的家人做起，孝敬自己的父母、长辈，是不可推卸的责任和义务。

子女对长辈要讲礼貌，长幼有序。作为晚辈在家中可以无拘无束、畅所欲言，但在长辈面前不能失礼。在问候长辈方面，不可缺少应有的礼仪，要正确地使用称呼，不能不加称谓，也不要直呼其名字。应主动关心问候，听从长辈教诲。经常与长辈主动沟通生活、学习、思想情况，有过错不要隐瞒、撒谎。与长辈沟通，注意说话和行事态度，要理解长辈。体贴温婉，不顶撞长辈，不能与长辈结怨。为长辈分忧，体谅长辈的艰辛，主动承担部分家务劳动，在长辈生病或有困难时，尽力去关心照顾和协助。离家外出时应及时向长辈告知情况，重大事情均要主动征求并尊重长辈的意见。

二、家庭就餐的礼仪

用餐时，按时上桌，不要等长辈再三催促。应等长辈入座后，才可以入座，长辈先拿碗筷后，自己再拿碗筷。用餐时应注意礼让，要先按照辈分端饭给长辈，如果有客人共同进餐，要先端给客人，再端给家里长辈。摆放菜，要把主菜及合长辈口味的菜，摆放在靠近长辈的面前。盛饭时，不要盛得过满，端饭或端菜时，扶在碗边或盘边的大拇指要尽量向上翘起，不要让大拇指下扣，以免沾到饭菜上，既不卫生，也影响他人食欲。就餐时细嚼慢咽，咀嚼时，嘴唇闭合，嘴里不能发出咀嚼声响，餐具要轻拿轻放，摆放整齐。

三、生活起居的礼仪

家人生活在一个有限的空间，彼此间的关照尤其重要。当有家人需要安静，如读书、休息时，其他人看电视、听音乐、讲话、走路、取放物品声音都不能太大，要尽量保持安静。尽量与家人作息同步，晚上不要睡得太晚，以免影响家人休息。

注意个人卫生和物品摆放整齐。作为子女，应该主动帮助父母料理家务，做一些力所能及的家务事。与家人也要以礼相待，"请""谢谢""对不起"这些礼貌用语也要用于家人之间相处。起床和就寝，也应与家人互道早、晚安。

作为家庭一员，有责任注意家庭安全。用过的煤气、水龙头、电源等要检查是否关闭，休息前要主动关好门窗。入睡前要将脱下的衣物叠放整齐，不能随便乱扔。起床后，应整理好床铺房间，然后开启房门。家人共用洗手间，清晨洗漱、如厕，要动作迅速。

四、邻里相处的礼仪

邻里之间应该和睦相处，日常生活中与邻居碰面，要热情礼貌地打招呼，不能视而不见，或装作不认识。见到邻居提、搬重物，要主动询问是否需要帮助。在楼道或狭窄空间遇到长辈，要主动让路，请长者先行。遇到老人上、下楼梯，应上前去搀扶。借邻居的物品时要有礼貌，用请求、商量的口吻，归还时要表示谢意，尽量不要借贵重物品。不要随便串门，若遇急事去邻居家，轻轻敲门，说明来意，办完事情应立即礼貌告别，逗留时间不能太长。有邻居登门时，应热情接待，称呼得体，安排就座倒茶，彬彬有礼。邻居告辞时，应起身相送，邻居出门后，不能马上关门，应目送一段距离。

五、待客与做客礼仪

在日常生活中，不仅要和自己的家人、邻居亲密相处。家中有访客，迎来送往也要讲究礼仪。客人来之前，要做好接待准备，要穿适宜接待客人的服装，不要穿家居服，这是对客人应体现的尊重。布置好接待环境，房间整洁、明亮，要有方便交谈的座椅、沙发和放置茶水的桌子或茶几，提前备好茶点、水果，让客人感到诚意和温馨。客人到来时敲门，应快速到门前热情相迎。如果客人带来礼品，应该接受并道谢，但不要当场拆开礼品包装。客人离开时，要送到门外，送客应走在客人后面，与客人道别时应表示欢迎客人下次再来。

外出做客首先要仪表整洁，尽可能带些礼品以表示对主人的尊重。要提前和主人约好时间，并如约而至，避免作不速之客。进门前应先按门铃或是敲门，不能直接推门而入。随身携带的包、伞、外套等，应放于主人指定处。进门后，要询问主人是否需要换拖鞋，然后在主人安排下就座。做客时，要彬彬有礼，举止大方、谈吐文明，并尊重主人家的生活习惯。主人送上的茶水、果点，应先道谢，再用双手去接。在主人家不要不拘小节，不能随意观看其他房间，也不能乱翻、乱动物品。要掌握做客的时间，既不要过于匆忙也不要拖延时间。离开时要先主动告别。如在做客过程中有新客到来，要等候新客坐稳，方能告辞。告别时，要对主人的热情招待表示感谢。

第二节　交通出行礼仪

现代社会，人们出行有多种方式。无论是步行，还是乘坐汽车、火车、飞机，都必须有秩序意识，以及自律、互助、礼让意识，自觉遵守相应礼仪。

一、步行的礼仪

一个人在日常工作、学习和社会生活中，离不开走路。在公共场所步行，遵守礼仪要求，往往能体现一个人文明修养的程度。

1. **遵守交规**　城市的交通法规对行人有严格的规定，要自觉地走人行道，不要走行车道，还应自觉地让出专用的盲人通道。行走时，应自觉走在道路右侧，不可在左侧逆行。穿越马路时，仔细确认红绿灯，一定要等交通指示灯是绿灯时，从人行横道走过去，不可随便穿越，不要在公交车、轿车等机动车的空隙中穿越马路。不可翻越栏杆，这既违反交通规则，也很不安全。在有交通警察指挥的地方，一定要听从指挥。

2. **仪容仪态**　外出要衣着整洁、容貌干净，不能蓬头垢面、衣冠不整。不能穿家居短裤、背心、睡衣出门，这是很不雅观的。在行走时，姿态要端庄，不要摇头晃脑。目光正视前方或自然顾盼，不要东张西望。男性不可频频盯着女性看，那是轻浮的表现。

3. **文明举止**　不要边走路边吃东西，既不卫生，也不雅观。不要边走路边吸烟，因为吐出的烟雾会让身后的人反感，另外人多拥挤的时候，烟头也容易烫着别人。废弃物品要投入垃圾箱，不要随手乱丢。需要吐痰，应在旁边无人时，吐在纸巾里包好，然后投入垃圾箱，不能随地乱吐，也不能直接吐入垃圾箱。这些动作虽小，但却反映出一个人的文明修养水平。

行走时保持一定的速度，以中速为宜，不要速度太慢，以免阻挡身后的人，非紧急情况下不要快跑。如果不小心碰了别人或踩了别人的脚，要主动向对方道歉，别人碰撞了自己应大度宽容，不要口出怨言，斥责对方。

爱护公共设施及物品，不要攀折树木花草、踩踏绿地，或在墙壁上信手涂鸦、留下划痕。对路边的私人居所，不要贸然观望打扰，窥视他人的隐私。

向别人打听道路，要先有礼貌称谓，问询后，应诚恳地表示感谢，不能不辞而别，一走了之。被陌生人问路，要尽力相助，如果自己不清楚，应礼貌说明。

4. 相互礼让　两人以上共同行走中时，不要勾肩搭背，不要高声说笑或并排行走，以免影响他人行进，应自觉排成纵列。人行道的内侧是相对安全的，男女同行或与长者同行时，通常男士或晚辈应走在外侧。当一个男士和两位以上的女士结伴而行时，男士不应走在女士的中间，而应走在女士们的外侧。在街上遇到熟人或朋友可礼貌地跟对方打招呼或进行些简单问候，不要大呼小叫，惊扰其他路人，不可长时间交谈，交谈时，应尽量靠边，以免影响他人行路。在拥挤或狭窄的路段上行走应自觉礼让，尤其对年长幼妇孺要主动让路。

二、骑自行车的礼仪

自行车是人们出行的交通工具之一，文明骑车、遵守必要的交通礼仪，不仅能维护正常的交通秩序，而且还能减少事故的发生，保证生命安全。

1. 骑车规则　要严格遵守骑车交通规则，骑车要在自行车道靠右行驶，必须进入机动车专用道路时，应在就近入口推着自行车进入，不侵入快车道，以免发生事故。交通规定按照优先顺序，通行时，骑车的人应礼让行人先行，不要和行人抢行。

十字路口既是各种车辆交会的交汇点，也是事故高发的危险点，按照信号灯行驶是对行车的基本要求，更是交通安全的保障。不能违背信号灯的指示和机动车争抢道路，否则容易引发重大交通事故。

骑车时不要逆行，不要撑伞，不能双手离把。骑车人不要互相追逐，不要快速转弯，不要曲线骑行，骑车途中也不要攀扶其他车辆。在市区不带人骑行，带学龄前儿童时需要有安全座。在街道、公路上不要学骑自行车。骑车前，先要检查车胎、刹车，确保完好后方可骑行。

2. 文明骑车　骑车时要做到安全、文明。在过十字路口时，自行车速度要适当加快，尤其是比较宽的路面，如果通过时行动速度缓慢，会影响到另一个方向的车和人的正常通行，造成交通秩序混乱。应尊重其他行人，经过路口时，除了要主动礼让行人，更要顾忌动作迟缓的老年人或伤残人。在道路上超行时，应对前面骑车者或行人轻缓按铃，不要突然猛劲按铃。直路前行的自行车应在道路中间骑行，给右转的自行车留出右侧的通道。如果自行车想要在路口左转，就要提前向左靠，拐弯时，应提前以手势示意方向，以告知周围车辆和行人，否则容易造成相撞事故。不慎撞了别人，应主动道歉，并承担责任，伤了人不负责甚至溜走，是极不道德的行为。遇到下雨天积水路面，要减缓速度，不要把水溅到其他行人身上。披戴雨衣、雨布要防止阻挡视线或钩住其他车辆。骑车进入单位、学校、小区等大门时，要下车推行进入后，再上车骑行，不能长驱直入。进入狭窄的街道也应下车推行，以免碰撞他人。

三、乘坐公共汽车的礼仪

公共汽车是城市居民最为普遍的一种交通运输工具，乘客应文明乘车，遵循乘车礼仪。

1. 自觉排队　要在指定地点排队候车，自觉遵守乘车秩序。上车能表现一个人的文明修养，要懂得谦让，等车停稳后再上车，不要插队。应注意礼让，先下后上，等下车人走完后按秩序依次上车，应让老弱病残孕和怀抱小孩的乘客先上，不要争先恐后，遇到行动不便者，要主动给予帮助，表现出爱心。

2. 文明乘车

（1）上车后不要抢座位，或为同行的人占座位。

（2）乘车时前门上、后门下，上车后要主动投币或刷卡。

（3）上车后应将随身所带的物品放到适当位置，不要放在其他空座位上或挡在过道上。为确保安全，不带易燃、易爆和危险品上车。携带表面有汤水或污迹的物品要包好，以免蹭在别人身上。

（4）在车上要扶好把手站稳，远距离的乘客应该主动向车厢内移动，不可堵在车门处妨碍上下车。年轻人应该主动把座位让给老、弱、病、残、孕人士及抱小孩的人。

（5）在车厢内与同伴说话或用手机打电话，不要大声喧哗。

（6）维护车厢内环境，不要吸烟；不要在乘车时吃油煎、带馅料或带壳的食物；咳嗽、打喷嚏时，要用手或纸巾捂住；不要在车内乱扔垃圾，也不要向窗外丢垃圾；爱护公共设施，不乱写乱画，不踩踏座椅。

（7）雨雪天，上车时要将伞收起，伞尖朝下；穿雨衣者要将雨衣脱下，将湿的一面卷向内侧，以免沾湿他人衣裳，最好提前备有塑料袋，将伞或雨衣装起来。

（8）不在车内与同伴嬉戏打闹；乘车时不将头、手臂伸出窗外；不要随便乱坐扶手、发动机盖、窗沿等处。

（9）坐在座位上，不要跷二郎腿或将腿远伸，以免妨碍车内其他乘客的通行或蹭脏别人的衣服。

（10）服从车辆管理，不私自开启车门，不要在车未停稳时上下车。

（11）在车上注意保管随身物品，发现失窃应立即通知驾驶员或报警，发生危急情况，应服从驾驶员安排，及时疏散。

（12）乘车要注意仪表整洁，公交车是公共场合，衣着应相对齐整。

（13）乘车时如果车厢内人员拥挤，有时难免会发生碰撞的事情，不要斤斤计较。如果被别人踩了脚应宽容地谅解，如果是踩着了别人或碰到了别人应主动道歉。

（14）下车应早做准备，如离车门较远，要有礼貌并及时将位置调整到车门附近，如自己不下车，应主动为下车的人让道。

四、乘坐地铁的礼仪

地铁是大中型城市居民在城市内出行的主要交通工具，与轿车、公交车相比较，地铁具有方便快捷又准时的特点。地铁的公共性要求乘客要文明乘车，遵守乘车礼仪。

1.等候地铁的礼仪　进入地铁站时，可以选择走楼梯或使用自动扶梯，乘自动扶梯时，应自觉靠右站稳，多人乘梯时不要并排站立，左边空出来留给赶时间的乘客，不要在自动扶梯上追跑打闹。按顺序排队买票，尽量不要损坏、丢失车票。候车时按照地面指示线在车门两侧排队，不要拥堵在门前，以免影响下车的乘客，地铁到站开门后按照先下后上的顺序，有序上车。不要在站内大声喧哗，也不要在站台上奔跑。候车时不要蹲或坐卧在站台上，这样的举止十分不雅观。不要在站台安全线以外行走及放置物品，如果不小心将物品掉到地铁轨道上，千万不要跳下轨道，地铁轨道是高电压，一旦跳下很可能造成意外伤害，要及时通知地铁内的工作人员，请他们帮忙解决。要礼让老、弱、病、残、孕人士和带小孩的乘客。上下车时，如果开、关门提示警铃响起，不要再抢时间进出，更不要用手或身体去阻挡正在合拢的门，以免发生事故。不要攀爬、跨越地铁护栏等，自觉爱护地铁车站内的自动售票机、自动饮料机及出入口闸机等。

2.乘坐地铁的礼仪　乘地铁时，应遵守地铁内的规定，配合安全检查，不要携带易燃、易爆等危险品。地铁上不要携带宠物。乘客应做到互相礼让，不要拥挤。不要躺在座椅上，也不要把脚放在座位上。不要在车厢内脱鞋或过度裸露身体。不要把携带的物品放在座椅上，妨碍其他乘客就座。乘车时遇到需要照顾的乘客应主动让座。爱护公共设施，车厢内的紧急停车手柄和警报器等，不要随意触碰，以免造成混乱。

乘坐地铁时站姿和坐姿都要端正，这是现代礼仪的基本要求。如果没有座位，站姿应该挺拔，为了保持身体平衡，双脚可以适度分开一些，但不要超过肩膀的宽度。可以抓住立柱或吊环保持身体平衡，但不要靠或抱着立柱，这是非常失礼的行为。坐下后，不要有散漫的姿势，不要跷二郎腿，也不要把腿伸向过道，这既不雅观，也影响其他乘客。地铁的座椅一般是相对设置的，女士不要叉腿坐，尤其是穿裙子的女士。如果女性穿短裙，应该并拢双膝，将包放在自己的膝盖上方压住裙口，双手扶住包的中央，这样看起来比较优雅。男士也要注意不可大幅叉开双腿，不要后仰或将身体歪向一侧，也不要反复抖动腿，这些都是缺乏教养的表现。

部分内容可参考乘坐公共汽车礼仪。

3.下车的礼仪　下车时要提前到车门口等候，尤其是车厢里人多拥挤的时候，里面的乘客不要等车停了，再往车门口走，容易被堵在里面下不来车。下车后，有秩序地从通道走出。

五、乘坐轿车的礼仪

随着社会的发展及生活节奏的加快，乘轿车已成为人们生活的普遍方式。如何上车下车，看似简单，其实大有讲究，尤其对女士而言，尤为重要。

1. 乘轿车座次安排 与他人共同乘坐轿车，一定要分清座位的主次，要遵循一定的礼仪。有专职司机驾驶轿车时，讲究以后排为上，前排为下，右尊左卑。男士应照顾女士，晚辈照顾长辈、尊者先上车。如在双排座轿车的后排就座，应请客人从右侧后门上车，在后排右座就座，自己从车后绕到左侧后门上车，落座于后排左座。到达目的地后，若无专人负责开启车门，则应快速从左侧后门下车，从车后绕行至右侧后门，协助客人下车。由主人亲自驾驶轿车时，一般主次以前排座为上，后排座为下。若车上只有一名客人，则应当就座于前排，是对主人的尊重。如果有不止一位客人，则年龄、身份最高的人，在前排落座。主人亲自开车时，要对客人尊重照顾，自己最后上车，最先下车。乘坐3排座车时，晚辈、下级应先上车坐到最后一排，下车时，其顺序则相反。

2. 乘轿车姿势

（1）上车姿势：女士上车时要采用"背入式"姿势，即打开车门后，双腿并拢微屈身，稍微捋一下裙摆或衣摆，将身体背对车厢，臀部先坐下，同时上身及头部入内，坐稳后将双腿并拢同时收入车厢。如果因身高原因或车型原因不能采用背入式姿势，可以一手轻扶车门，将身体放低，优美的侧身入座。绝不可头先钻进车门，再用双腿轮流跨进，就像用爬的方式入车，臀部最后入内，这是极为不雅观的。如穿长裙，在关上车门前应将裙摆理好，以免被车门掩住。男士可采用侧身式姿势入座。

（2）下车姿势：女士下车时应将身体尽量移近车门，开门后内侧的手臂扶住前座的椅背，正面朝向车门外，双脚先着地，再将上身头部伸出车外，同时起立，可通过手臂辅助支撑车门框，将身体站直。如果座椅较高，可将外侧腿先伸出车外，踏稳后，把身体移到车外，重心平稳后收另一条腿。下车后要注意裙子没有褶皱或扭曲。如穿短裙时，要采用两脚同时踏出车外的下车姿势。如穿低胸服装，不妨加披一条围巾或披肩，以免弯身下车时出现尴尬，也可利用手袋轻挡胸前，并尽量保持上半身挺直。如果手中无遮挡物，可用手掌护住领口。男士下车前应先整理上衣扣好衣扣，车停稳后，开门先由外侧腿伸出车外，踩稳后，再扶住座椅或车门框，站立起身，重心平稳后，收另一条腿，同样踩稳。

六、乘坐出租车的礼仪

1. 礼貌叫车 乘坐出租车，一般应在出租车停靠站点叫车。不要在路口，尤其是有红绿灯的路口和有黄色分道线的区域叫车，也不要在公共汽车站、快车道旁叫车。在机场、火车站等场所等候出租车时，应该到指定区域排队。在没有出租车等候站的地方，不要后到却抢先上车，应该自觉遵守先后顺序。拦车时要考虑到司机停车的方便与交通规则，不要大声叫喊，也不要不停地大幅度挥手，在出租车司机可以看到时小幅度挥动手臂即可。在一些禁止停车或上、下车的地方，不应拦停出租车。遇到老、幼、孕妇或残疾人，尽量做到给予谦让照顾。如果带有行李，尤其是行李箱，不应放到座椅上，应在上车前礼貌询问司机放哪里合适，如需要放到出租车的后备厢，可以请司机帮忙。如果随身带了有异味的食品或物品，应该包装严实，以免污染车内空气。

2. **文明乘车**　上车后乘客应主动向司机问好并主动告知目的地。行驶过程中，不要催促司机加速。为了让司机集中注意力开车，不要与司机长时间攀谈。对司机要谦和有礼，如果对司机选择的行车路线有不同意见，或对服务有不满，应文明善意的提出，不要无礼指责，甚至与司机发生争吵。无论是坐前排还是后排，都不要挡住后视镜或后窗，以免影响司机的视线。在出租车内打电话或与同伴交流，不要高声喧嚷，以免分散司机的注意力。

要爱护车辆及其设施，注意车内卫生，不随便吃东西，不向车外乱扔垃圾，也不要把废弃物留在车内。注意不将头部及手臂等伸出车外、不在车内脱鞋、不把脚放在座椅上等。下雨天，不要把湿淋淋的雨伞放在座位上。

到达目的地后，按计价器显示金额付费并主动向司机索取车票，以便在发生遗落物品等问题时，方便通过管理部门找到车辆。下车应对司机礼貌道谢并关好车门。

在座次安排上可参考乘坐轿车礼仪的内容。

七、乘坐火车的礼仪

火车是当代人们远行的重要交通工具之一。在乘坐火车时，要遵循乘车规范，讲究乘坐火车的礼仪。

1. **候车礼仪**　乘坐火车要提前到达车站，在指定的候车室等候检票及进站上车，候车时一定要严格遵守公共场所礼仪，保持候车室的清洁，不随地吐痰、不乱扔垃圾。保持候车室安静，不要大声喧哗，以免影响他人休息。不要抢占座位或多占座位，不能躺在座椅上或坐在地上。

检票前应提前将自己的火车票和身份证准备好，放在安全易拿的地方，不要在检票时再翻找，以免影响他人进站。火车对乘客所携物品内容、数量均有相应规定，当工作人员检查行李时，应主动予以配合。进入站台后，站在指定候车位置的安全线后，按照先来后到的顺序，有序排队上车。

2. **就座礼仪**　乘客上车后，要立即进入车厢，根据自己的车票座位号，尽快找到自己的座位或卧铺席位，不要堵在门口或过道，以免影响他人上车。车票因价格不同，座位也有所差别，有软卧铺、硬卧铺、软座、硬座及站票之分，不要占据不属于自己的席位或座位。如果持站票上车找座，应先礼貌地向他人询问空座是否有人，如果没有则可就座，不要硬挤、硬抢、硬坐。身边有空座时，则应主动请无座位的人就座，对他人的询问不要不理不睬，也不能说假话欺骗。遇到老弱病残人士或孕妇无座时，应尽量提供帮助和照顾。火车上的座位和铺位也有主次之分，若是多人同行，要注意车厢座位的次序应为：以舒适方便、面向前方、靠窗或靠过道为尊。在卧铺车厢，面对火车行进方向的铺位为尊，同一侧的铺位，下铺高于中铺，中铺高于上铺。

行李应放置在行李架上。如果行李架位置较高，需要踩到座位上放置行李时，不能穿鞋踩上去，应当脱了鞋或垫上隔离的纸张、塑料袋等再踏上座位。有些女士力气小，男士要帮助女士将重的行李箱放在行李架上。放在座位上方行李架上的物品，一定要固定好，避免在火车晃动时掉下来砸到人。另外，行李不要放在过道中间或座位中间的空隙，以免妨碍他人行走或休息。餐桌上允许放少量食物，尽量不要放其他杂物，以免影响他人使用。要讲究车厢内的卫生，不要在车厢内吸烟。

3. **途中礼仪** 上车后，应主动与邻座打招呼。在火车行进途中，与他人交流时，如果附近有人休息，说话声音要轻，不可高谈阔论。要把握好分寸，不要询问对方隐私。与异性交谈时，应保持一定距离，不要过于亲密。旅客应相互帮助，当有他人遇到困难或身体不舒服时，应主动提供帮助并多加体谅，对待别人的帮助，要表示谢意。

在休息时，要注意自己的姿态得体、衣着文明，不要当众脱、换衣服。在座席休息时，不能脱鞋脱袜，不要东倒西歪或卧于座席上，不要把脚跷到对面的座席上。在卧铺车厢里休息时，要注意着装不要过于裸露身体，不要像在家里一样随便，不要将脚伸出床铺外面。上铺或中铺的乘客不要长时间占用下铺的床位，坐之前要征得下铺乘客的同意，得到允许后，要向对方道谢。上下床铺时，要提前跟下铺的人打声招呼，以免踩到下铺的乘客，动作要轻。

4. **用餐礼仪** 在餐车用餐时，如果人数过多，应该耐心排队等候，不要抢占座位，用完餐后立刻离开，给其他需要用餐的乘客腾出座位。用餐时不要大声喧哗，尤其不能划拳、行酒令。饮酒不要过量，以免醉酒失态，影响车厢其他乘客。有一些乘客选择在车厢内就餐，要注意茶几是公用的，不要过多地堆放自己食物，不吃具有刺激性气味的食物，如葱、蒜、韭菜等，以免污染车厢内的空气。用餐结束后要清理干净，吃剩的食物或垃圾不要随便乱扔，也不能从车窗向外抛，将食物残渣、垃圾放在垃圾桶里，不要在公用区域留下汤汁。火车上水量有限，要注意节约用水。

5. **下车礼仪** 到达目的地前，应该提前做好下车准备，避免遗落物品，也避免到站后手忙脚乱。下车时与邻座礼貌道别，还应该向乘务员致谢。下车要有序，不要拥挤和推搡他人。

八、乘坐船的礼仪

乘船也是一种交通方式，轮船上是公共场所，若要拥有一个愉快旅程，就要求每位乘客遵守乘船礼仪，做文明的乘客。

1. **上船时的礼仪** 上船时，要自觉排队、有序登船，不要你推我搡、争先恐后，以免发生危险，身边有老、幼、病、残、孕者，应给予礼让、保护，必要时还应照顾搀扶。积极配合安全检查，乘船对行李的重量和内容有标准要求，应严格遵守规定，不得随身携带易燃、易爆等危险物品，不随身携带动物。轮船上的舱位分不同等级，舱位不同，票价也有差异。所以，应对号入位，如果是散席船票，没有座位或铺位，上船之后要听从船员的安排，在指定的地方休息，不要抢占他人座位或铺位。

2. **乘船时的礼仪** 在船上对船员和其他乘客应该热情友好，平等相处，尤其是对船员要尊重、和善，不盛气凌人，接受船员帮助和服务时，要表示感谢。与其他旅客可以打招呼，相互交谈。如果没有接到其他船舱乘客的邀请，不要随便进入，尤其是在休息时间。

在船上，要注意小节，自觉维护环境卫生，不在公共区域食用刺激性气味强的食品；不要将垃圾随手乱丢，更不要丢入水中；不要随地吐痰、吸烟、喝酒；在散客舱内，不要随便脱鞋、换衣服；不要在船上四处追逐打闹；在甲板上不要将随身携带的音响播放器放到很大音量；不要在公共区域大声喧哗。乘船时还应遵守航行规则：白天不要站在船头或甲板上挥舞衣服或丝巾，以免被其他船只误认为打旗语；晚上不要用手电筒乱照，以免被当成灯光信号。另外还有一些乘船的民间禁忌也尽量注意，如不要谈及翻船、撞船之类的话题，不要在吃鱼时说"翻过来"或说"翻了""沉了"之类的语言。不经常乘船的人，可能会发生晕船现象，应提前预备一些防晕药品，最好是在上船前提前服用。在船上如果因晕船而发生呕吐，不要直接吐在地上，可吐在方便袋里或去洗手间处理，一旦不小心吐到地上，应及时打扫干净。

乘客可在公共娱乐区活动，也可在甲板上散步、观景，要注意着装应得体，不要过分地裸露身体。不要到标有"旅客止步"之处游逛，这多为船员工作或休息的场所。船上各种电路、蒸汽开关，不要轻易触动。到船舱外活动时，要特别注意安全，防止发生意外，风浪较大或夜深人静时，不要独自到甲板上，万一摔倒或落水，很难被其他人发现。不要到驾驶舱、救生艇、桅杆以及一些没有扶手的甲板上，以免发生危险。乘船时，千万不能违反规定擅自下水游泳。

越洋巨轮分为不同的等级，其餐厅、走廊及各种设施的使用均有规定，须注意遵守。在高级客轮上用餐时，晚餐须穿着正式服装，应避免穿休闲服装，如短裤、拖鞋或泳装进餐。

乘船途中，万一遇到因天气或船体故障造成的突发事件，不要惊慌失措、急不择路的乱闯，要尽量保持镇定，听从船员指挥。

3. **下船时的礼仪** 在即将下船时，应提前做好准备，收拾好行李，不要遗落物品。下船时主动热情地与周围的人道别，对帮助过自己的乘客和船员表示感谢。在等待下船时，要排好队，有序依次而下，不要拥挤，也不要兴奋跑动，以免撞到他人。

九、乘坐飞机的礼仪

飞机是目前世界上最省时的交通工具，适合人们的远距离出行。由于空中旅行和地面旅行有许多差异，因此乘坐飞机时，必须要认真遵守乘机礼仪。

1. **提前办理乘机手续**　乘坐飞机，办理乘机手续，比较严格且较为复杂，应提前办理。国内航班至少应在飞机预定起飞时间前一个小时到达机场，国际航班至少应提前两小时到达机场，在这段时间里要核查机票、办理行李托运手续，进行安检，有时还需进行一些必要的登记。飞机场一般都设在城市的郊区，距市区较远，在安排时间时一定要考虑塞车等特殊因素，预留足够的时间，才会从容不迫，避免延误航班。

2. **携带行李须知**　携带行李应尽可能轻便。国际、国内航班对行李的重量和尺寸均有严格的限制，需提前了解规定信息。不要携带易燃易爆及刀具等危险物品，液体化妆品超过100ml不能携带，注意是化妆品包装上显示的容积不能过100ml，不是瓶子里面剩下的液体不过100ml，否则无法通过安全检查。

3. **文明乘机**　登机后，乘客要根据登机牌上的座位号码按秩序对号入座。找到自己的座位后，要将随身携带的物品放在座位上方的置物箱内，不可将行李放在座位上，更不能占用其他乘客的座位。注意不要在过道上停留太久以免影响其他乘客入座。

飞机起飞前，会广播乘客乘机规定和安全注意事项，乘务员会给乘客示范如何使用氧气面罩等，乘客应认真听取。飞机起落时要扣好安全带、将座椅靠背放直、桌板收起、关闭移动设备，包括移动电话和笔记本电脑等。使用卫生间应尽量少占用时间，使用完毕要清理干净，不要留下令人不舒服、不整洁的痕迹。

飞行中，要注意小节，如不要突然将座椅靠背放倒，放靠背前应先回头看一下后面的人是否方便，或告知后面的乘客，让其有准备，不要突然操作，以免碰到后面的人，进餐时要将座椅靠背调正。飞机上前后座椅之间的距离通常比较狭窄，不要使座椅靠背后倾过度，否则后面乘客的空间过于狭小，行动不方便。不要用力将折叠桌板推回原位，以免震动太大使前面的人受到惊扰；不要用膝盖顶撞前面的座位；不要跷二郎腿摇摆或颤动腿；不要脱鞋和过于裸露身体；夜间长途飞行时，如果不是在阅读，要注意关闭阅读灯，以免影响其他乘客休息；如果因身体原因需要经常去洗手间或离座走动，应当在办理值机时申请一个靠过道的座位，否则频繁进出会给别人增添麻烦。飞机机舱内空间密闭，所以不要过量地使用香水，否则会引起一些人反感，甚至会引起容易晕机的人反胃。

在头等舱用餐时，不要点过多的食品造成浪费，应遵循优雅的餐桌礼节。不要要求乘务员提供奇特的食品，如果在饮食上有特殊要求，应当在预订座位时向航空公司事先声明。尽管头等舱酒水免费，也不要过量饮酒，在飞机上人通常处于缺水状态，酒精的作用也更大一些。

要尊重乘务员，在飞行过程中，乘务员会为乘客提供服务，如送饮料、食物或毛毯等，在接受服务后应向乘务员道谢。需乘务员帮助时，可按下呼叫按钮或向乘务员招手示意，不可大声呼叫。不要频繁呼叫乘务员，因为乘务员要为所有乘客服务。如果对乘务员有意见，可以向航空公司有关部门投诉，不要与乘务员争吵，以免影响其他乘客和旅行安全。按照国际惯例，所有乘务员都不接受小费。

4.**下飞机礼仪** 在飞机没有完全停稳之前不要急忙站起，要等信号灯熄灭后再解开安全带。下飞机时不要拥挤，应当有秩序地依次走出机舱。需要注意的是上下飞机时，均有乘务员站在机舱门口迎送和问候乘客，作为乘客应有礼貌地点头致谢或问好。

国际航班上下飞机后要办理入境手续，通过海关领取托运行李。如一时找不到自己的行李，不必着急，可通过机场行李管理人员按照行李登记卡进行查找，并填写申报单交给航空公司。如果确认行李的确丢失，航空公司会照章赔偿。

第三节 公共场所礼仪

一、餐馆礼仪

现代社会，有越来越多的人选择到餐馆宴请亲朋或临时用餐。餐馆是公众场合，人来人往非常频繁，餐馆的环境、气氛更需要大家来维护。所以，每一位就餐的人要特别注意在餐馆用餐的礼仪。本部分涉及餐饮礼仪的内容，在第四章已有详细介绍，在此不再赘述。

1.**衣着要得体** 去餐馆用餐需要注意自己的形象，要衣着穿戴整齐，不要穿家居服进入餐馆。进入餐馆后，如果有衣帽柜，应该把衣帽或包袋放进去。如果没有衣帽柜，外套可以脱下后搭在椅背上。女士戴的装饰帽，可以不必摘下。

2.**寻位及入座** 如果提前在餐厅预定了座位，到达餐厅时，要向服务员说明情况，并请服务员引入既定位子，并尽快入座，不要在过道上停留太久，以免影响他人。如果没有预订，不要哄抢位置，也不要把个人物品放到桌椅上抢占座位，要请服务员帮助安排。倘若餐厅的人很多，暂时没有位置时，应该耐心等待，确实因赶时间不能久等，要与服务员协商，如果仍不能解决，可以另换一家餐厅，不能因此和服务员或就餐人员发生口角。

入座时要礼让，不要旁若无人的先坐下，要请长者先就座。异性共同进餐时，男士应请女士先就座。

3.**文明举止** 在餐馆用餐，举止应得体大方。倘若在餐馆中遇到熟人需要打招呼，不要大呼小叫，应当走到熟人近旁，轻声交谈。在就餐时，不要高谈阔论、大声喧闹，会影响用餐环境和他人的心情。公共区域不要行酒令，更不能酗酒闹事。

4.**尊重服务员** 就餐时不要对服务员颐指气使，服务员与消费者在人格上是平等的，作为消费者应该尊重服务员，不要刁难或提出过分要求。如果在用餐时出现问题，应当平心静气地说明情况，解决不了时，可以请餐馆的负责人协调解决。用餐结束后，要对服务员表示感谢。

二、商场、超市购物礼仪

人们在日常生活中离不开购物，商场、超市不仅解决了人们的生活需求，同时也是体现人们精神文明的场所。只有遵循礼仪规范，才能令购物者的心情愉悦，并成为文明的消费者。

1. 遵守商场、超市相关规定

（1）商场、超市是禁止吸烟的，一定严格遵守规定。

（2）挑选商品中，如不慎将商品损坏，应主动承担责任，照价赔偿，或把该商品买下来，而不能拒不认账或逃脱。对尚未付款的商品不要随便拆开包装。

（3）很多超市规定顾客进购物区前要将在别处买来或自身带来的物品存放在寄存处或储物箱，顾客应严守规定。

（4）购物结束后，应把小推车或购物筐归放到指定位置，不要乱放，以免给工作人员增添麻烦。

2. 文明举止

（1）在购物场所应讲究文明礼貌，控制说话音量，礼貌交流，不要大声喧哗，不追跑打闹。要自觉维护公共卫生，不乱扔垃圾，不破坏公共设施。

（2）着装需整洁，即使购物场所在自己家附近，也不能穿着睡衣或家居服去购物。

（3）对易碎商品则要格外小心，应轻拿轻放。如果手上粘有污渍，应避免触摸商品，尤其是易污商品，更不可触摸食品。

（4）女士在商场试衣时，应小心不要把脸上的化妆品蹭到衣服上，在试穿衣服前，尽量用干净的纸巾把口红、眼影、腮红等擦掉。

（5）在超市购物时，不应过分地挑拣，尤其是新鲜蔬菜或水果，不要乱翻、乱捏，避免蔬菜、水果过早腐烂。如果对已挑选的商品不满意，尤其是冷冻食品，应当放回原处，也可以放在超市指定的地点，不要随便乱放。

（6）购物时，应理解和尊重服务员，要使用礼貌的称呼，呼唤服务员不要用颐指气使的口吻，购买完物品应道谢。

（7）付款时，不要拥挤在柜台前，应有秩序的排队等候。如果服务员在结账时发生差错，应平和指出并给予谅解，不要大动肝火。

三、博物馆与美术馆参观礼仪

博物馆和美术馆都是高雅场所，人们通过观摩学习可以增长知识和对艺术的欣赏水平，提高个人的艺术修养。为了维护馆内应有的艺术氛围，就要大家共同保持环境。

1. 爱护展品，遵守规定

（1）参观展览，要服从展馆的管理，先买票，按次序进入展览场所。不能携带易燃、易爆等危险品入馆。

（2）博物馆和美术馆为了保护展品以及维护自身的权益，一般都禁止参观者摄影。有的即使允许照相，也禁止使用闪光灯，对于这一点，要特别注意并遵守。要知晓并遵守馆内的具体规定，参观时一定不能违犯。

（3）保持环境的良好，不要边参观边吃东西。在馆里不要抽烟、吐痰、乱扔垃圾。此外，还应当爱护馆内的展台、照明等设施。

（4）博物馆陈列的展品，都是较为珍贵的物品，大多数具有较高的历史价值或艺术价值，展品旁边一般贴有"请勿动手"的字样，参观者要绝对服从规定。

2. 文明参观

（1）参观时，穿戴要整洁。一般博物馆和美术馆都设有衣帽间，参观者可以把大衣、帽子以及包袋等寄存，男士不要戴着帽子进入展览厅。

（2）如果参观时人数较多，就找空的地方参观，不要拥挤，没有看到的或还没看仔细的展品，等人少了再仔细看。不要长时间占有某件展品的参观空间，要考虑方便他人欣赏。参观时注意不要从正观看的人面前走过，以免妨碍其观赏展品。

（3）如果同亲友一起，要小声说话，防止干扰别人。走动时脚步要尽量放轻。

（4）参观时如果有讲解员讲解，要专心倾听，如有不明白的问题，可以向讲解员请教，但不宜不停地发问，以免影响他人。

四、图书馆礼仪

图书馆是安静、文明的场所，借阅图书应遵守相应礼仪：

（1）图书馆的阅览室里，读者较多，早来的人不应该给晚来的人占座位。

（2）不要躺在空座椅上休息，会有失文明。

（3）进入图书馆，必须穿戴整洁、得体，不要穿拖鞋、背心、短裤进入。个人物品应当按规定摆放或寄存。

（4）遵守阅览规则，以保证大家有秩序地查阅。看书或查找资料要保持室内安静，走路时要减轻声音，尽量不要穿高跟鞋进入图书馆。就座时，移动椅子不要发出声音。不大声喧哗，也最好不与别人交谈。手机要静音或关闭，以免影响他人。

（5）不可在图书馆无事闲逛、追逐打闹、吃东西、嚼口香糖，要维持公共卫生，不要在桌椅上乱涂乱画，不要在任何地方留下垃圾。

（6）要爱护图书，借阅图书前，最好先洗手，以保持书的整洁。在书架上找书时，要轻拿轻放，阅读后放回原处。爱惜图书，做到轻翻纸页，不在书上写、画标记或折页，更不能把自己需要的资料、图片撕下，毁坏图书是卑劣行为，将受到批评或惩罚。如需要资料，可与工作人员协商复印。

（7）不使用别人的借书证借书，也不要将自己的证件借给别人使用。借书要遵循借书程序，如期归还。不要在图书馆关门时依然逗留徘徊。

五、医院礼仪

生活中，每个人都难免有生病的时候。无论是前往医院探望、慰问生病的亲友，还是个人生病，去医院就医，都需要注意相应的礼节及行为方式。

1. 探病礼仪　当亲友患病时，前往探望、慰问是人之常情，也是一种礼节。探视之前，可提前向其家属或友人了解一下病人的病情和身体情况等，以便有针对性地探视。注意不要在病人刚住进医院或刚做完手术便去探望，以免影响病人的治疗和休息。去医院前，应换上清洁的服装，女士要注意不应该浓妆艳抹，服装也不应鲜艳刺目。

要遵守医院规定的探视时间，按要求入内和离开。进病房不能贸然推门，要先轻敲门，得到允许再轻轻开门进去。不要坐在病床上，可以坐在床边椅子上。

探望得重病的人，见到病人时应表现自然、平静，不要流露出惊讶或悲痛的神态，这会使病人增加精神压力。病人在患病期间，心理状态比较特殊和敏感。因此，要注意语言和举止恰当，有分寸，说话不可兴高采烈，也不要表现出紧张、厌烦。在与病人交谈中，可以关切地询问病人病情和治疗情况，多讲些开导和安慰的话，用乐观的语言给病人以精神上的鼓励。也可多讲些愉快的事，使病人感到宽慰和快乐。要帮助病人增强战胜疾病的信心，不要提及刺激病人的话题。探望病人的时间不宜过长，尤其是身体虚弱的病人，除非病人主动要求作陪，否则 15 分钟左右即可起身告辞，以免病人感到疲累。

2. 看病礼仪　人在生病时都希望能尽快地恢复健康，到医院就医，能得到良好的、及时的治疗。就医时要遵守医院规定，注意文明礼貌。

进医院后要保持医院的安静，走路和说话的声音要放轻，医院是病人集中的场所，很多人身体不适，如果大声喧哗，会令其他病人感到不舒服。在医生身边也不要大声说话或打电话，会影响医生的诊治。要保持医院环境的整洁，不能吸烟及乱丢各种废弃物品等。

病人到医院后要遵守医院的规定，挂号、候诊、检查、取药等，要按照就诊号码顺序，依次耐心排队等候。还没轮到自己就诊时，不要围在医生身旁，这会影响医生的正常工作。应积极配合医生治疗，在医生询问病情时，主动介绍病情症状，协助医生做出正确的诊断。要实事求是地向医生陈述病情，不要为了让医生重视自己的病情而故意夸大，以免影响医生的正确诊断，延误治疗。假如对医生的诊断结果有不同想法或产生疑虑，希望医生重新诊治，应该有礼貌地向医生提出，但态度要诚恳，不要和医生争吵。不能随心所欲地向医生提出检查项目要求，治疗方法及用药，都应该征求医生的意见，不要按个人意愿强求。

六、公共娱乐场所礼仪

公共娱乐场所是指人们在学习、工作之余娱乐休闲的地方。公共娱乐场所最能体现一个人的修养及社会公德，也能体现一个国家的人文素质。良好的公共娱乐环境需要大家来共同营造，需要每个人遵守文明的礼仪，只有如此，才会使人与人之间的交往更加和谐，使人们的生活环境更加美好。

1.公园　公园是公众放松休闲的场所，环境优美、空气清新，游人既可开阔视野，陶冶情操，又可放松心情，强身健体。每位游客都有责任和义务爱护公园。

（1）到公园去游览，要遵守公园的开放时间，凭公园门票进园，不要私自翻爬围墙进出。

（2）要爱护公园的花草树木和娱乐设施，不能折损、刻画、攀爬树木，不能采花摘果，不要践踏花坛和封闭的草坪；不要携带猫、狗等宠物进园；不要攀爬雕塑、观赏性假山等；不能擅自去湖内游泳；不能燃明火或擅自烧烤；不能携带易燃、易爆等危险品入园。

（3）自觉保持公园的环境卫生，不要乱扔果皮、纸屑、饮料瓶罐，也不要高声喧哗、嬉笑打闹。不要躺在公园的长椅上睡觉。

（4）需要摄影留念时，如需要请别人帮忙，应礼貌请求，拍照后，要礼貌道谢。

（5）公园里配备的游乐设施，不要抢占或长时间占用。

（6）应注意不能到危险场所或不宜攀登、禁止入内的地方，以免发生意外。

2.旅游场所　随着社会的发展，人们的物质和文化生活不断提高。旅游已逐渐成为现代人的一种生活方式。所谓"读万卷书不如行万里路"，旅游不仅可以开阔心胸，拓展视野，更可增长见闻，开启智能。旅游是一项健康文明的活动，能表现出一个人的品格和素养，在国际旅游中，个人的言行甚至还会影响到国家和民族的形象。要成为一位文明而高尚的旅行者，必须掌握旅游相关的礼仪：

（1）保护景点资源，爱护自然环境，遵守游览景点规则。在境外旅游，也应遵守当地的法律、法规和景点的相关规定。

（2）注意言行举止，衣着要端庄、整洁，购票、入场等均应遵守先后次序。

（3）参加团体游览，一定要遵守时间，准时集合，不要影响团队进程安排，也避免因时间仓促，导致举止慌乱或遗失物品。下车参观时，切记停车位置和车辆牌号，以免迟到而让全车的人等候。

（4）在游览中，讲解人员解说时要安静倾听，不要在一旁高声谈笑。若有未听清或不理解的问题，应待讲解人员解说告一段落后提出。

（5）禁止拍照的地方，即使无人看守也应遵守规定。进入教堂、寺庙等场所应保持肃静，不可随便拍照。

（6）到少数民族地区旅游，应了解当地的民俗民情，尊重当地的风俗习惯。

（7）旅游途中要关心和礼让他人。同行游览的人，要友善互助。

3.剧院　在剧院观看表演，应该遵守如下礼仪：

（1）剧院的表演，多数是在晚上，所以，要根据这个时间段考虑出行方式、行车路线等。

（2）在着装方面，要根据季节、气温和演出的性质，衣着整洁得体是最基本的要求，一定不能穿着过于随便、邋遢。如果是作为被邀请的嘉宾，衣着要讲究、华丽一些，一般来说应穿晚礼服。进剧场后，戴帽者应摘下帽子。

（3）应尽量提前入场，在入口处主动出示票证，入场后对号入座。进出剧院时，要保持安静，不要前呼后拥、高声喧哗。入座时，如果经过其他已坐好的观众，应面向或侧身经过并有礼貌地道谢。如果迟到，应自觉在门外或剧场后面等候，到幕间休息时再入座。

（4）观看时要安静专心，不能干扰演员的演出，不要大声说笑、手舞足蹈，或与旁人议论、聊天。切忌起哄、吹口哨、怪声尖叫。不要在剧院中打瞌睡。

（5）坐在座位上，不要将座椅两边的扶手都占据了，要照顾到旁边的观众。演出过程中要有礼貌地适时鼓掌。观看演出时不要吃零食、口香糖等，也不要喝饮料，有些演出场所禁止观众携带饮料。

（6）观看演出应善始善终，不要在演出中途离开，会影响其他观众，若有急事，可在幕间休息时离开。演出结束时，不要匆忙离场，应等演员谢幕后，再井然有序地离场。

4. **音乐会**　出席音乐会是一件高雅而庄重的事，因而服饰也很讲究。西方人非常重视音乐会，会穿着十分隆重的服饰出席。男士西装革履、打领带，女士则要穿上礼服并化妆。出席音乐会应注意如下礼仪：

（1）音乐厅一般都设有衣帽间，可将大衣、帽子、包袋等存放于此。男士不能戴帽子、手套进入音乐厅内。

（2）应于音乐会开始前入座，一旦演奏开始，迟到的观众会被要求禁止入内，中场休息时方可进入，避免影响场内其他观众。音乐会演奏当中，要避免中途退场。

（3）进场要放轻脚步，对号入座，保持肃静，关闭手机或静音，不使用易发出噪声的物品。音乐会开始后，应停止说话，不要交谈，打哈欠、咳嗽和翻动节目单的声音都要控制到最轻，甚至如果需要调整坐姿，都尽量不要让座椅发出声响。

（4）每支乐曲演奏完毕，听众应鼓掌向演奏者致谢。但一曲未了或乐章之间不应鼓掌。听众不要吹口哨和高声呐喊，这是不文明的。

（5）演出结束后可向演奏者献花，但不能在演出中途登台献花。演出结束后，演奏者谢幕，全场应起立鼓掌，以示尊敬，然后方可有秩序地退场。

5. **电影院**　看电影，是大众化的娱乐活动，与观看剧院或音乐会表演相比较，礼数要少一些。但是，从礼仪的角度来讲，要注意礼仪修养，以维持良好的公共秩序。

（1）应在电影开映前几分钟入座，因为一旦开映后，室内光线很暗，行走和找座位很困难，也会影响别人观影。万一迟到了，可以请服务员引导入座，行走时应放轻脚步，尽量俯身，防止遮挡他人视线。电影中途离座时，要低头、弯腰、快速退场，以免遮挡屏幕。

（2）要保持影院环境整洁，不要随便乱扔垃圾，影院虽允许吃零食、喝饮料，但一定不要弄脏座椅及周边地面，食用时不要发出噪音，不要随地扔瓜果、皮核，不食用有异味的食品。

（3）看电影虽然不要求着装隆重，但也应保持自身的整洁得体，不要不修边幅。不可以穿背心、短裤、拖鞋。影院是相对密闭的环境，观影者不要喷洒过量香水。

（4）电影开映后，不要与旁边的人聊天。对看过的电影，不要提前透露剧情。

（5）看电影时，身体不要左摇右晃、双腿不要不停地抖动、不脱鞋袜、不要把膝盖顶在前面椅背上，更不要把脚踩上去。

（6）电影放映结束后，要等影院亮灯时才起身，要随大家有序退场，不要拥挤抢先，否则容易破坏正常的秩序，可能挤倒挤伤别人，也容易制造恐慌。

6. **酒吧**　酒吧最早起源于欧洲大陆，之后发展至美洲，又逐渐扩展到全世界，现代酒吧已经发展成为一种新型的娱乐文化现象。在我国，酒吧是以年轻人为主的休闲消遣场所。酒吧不但是交际的场所，也是公共场所，在酒吧里，要遵守相关的礼仪：

（1）酒吧是休闲和娱乐的场所，不是宴请的场所。酒吧里通常只提供饮料、酒水、糕点。如果想宴请朋友，应该去酒楼举办宴席。

（2）在酒吧与异性交往，举止要端庄大方，言谈要彬彬有礼。

（3）酒吧不是花天酒地、任意挥霍的地方，要注意行为举止得体。

（4）一些酒吧里有歌手为顾客提供点歌服务。如果点歌，不要吹毛求疵，歌曲结束后，要礼貌鼓掌致谢；有些酒吧为客人提供唱歌设备，唱的时候不要哗众取宠，也不要声嘶力竭地大吼大叫。在其他客人唱歌后，要有礼貌地报以掌声。

（5）在酒吧里，不要肆无忌惮、无理取闹、大声喧哗，以免打扰其他人，也不要做出一些不雅的行为。

七、公共洗手间礼仪

人们外出工作、办事、购物要经常使用公共洗手间，必须要注意保持清洁，遵守相关礼仪，表现出个人文明。

1. **排队**　排队是一种公平体现，也是国际通行的规则。在洗手间使用人数较多的情况下，要排队等待，一般是在洗手间入口的地方，按先来后到依序排成一个纵排，排在第一位的人拥有空位优先使用权。在飞机、火车、轮船等公共交通工具上，洗手间是男女共用的，男女在一起排队也属于正常情况，此时不必按照"女士优先"的原则。

2. **洗手间的使用**　洗手间环境的整洁，不仅要靠清洁工打扫，还要靠使用者来维护。每一位使用者都应具备起码的公共道德，自觉保持洗手间的清洁卫生。使用坐便器，可以垫纸使用，一定不能踩在马桶上。使用完毕要善后，尽可能加以清洁，如果不小心把马桶垫板弄脏，一定要用纸擦干净，否则会影响下一位使用者。使用后一定要放水及时冲洗，厕纸应扔进纸篓，女士卫生用品等不要丢进马桶内，以免堵塞下水道，也不要在马桶内乱扔其他物品。不要在洗手间的门板或墙壁上信笔涂鸦；节约使用洗手间里备用的手纸；走出洗手间之前应把衣饰整理好，不要一边整理一边往外走，显得很不雅观。

使用完洗手间应洗手，水流要开小些，既可以节约用水，又避免水溅到洗手池外。

如果不小心溅了水，要用纸擦干净。注意洗手后关好水龙头，不留脏水和污物。洗手台如果有擦手纸巾和烘干机，一般是先用擦手纸巾擦干手，把用完的纸巾扔入垃圾桶后再用烘干机把手吹干。要习惯使用烘干设备，不要洗手以后一边向外走一边甩手，会把地板弄湿，进出的人在湿地板上行走，很容易弄脏地板，也会使人容易滑伤。不要在自己身上抹干手，这是失礼的表现。

3. **使用公共洗手间的注意事项**　进入洗手间，如果看到有清洁工人正在进行清洁，不可以坚持使用洗手间，可以询问最近的另一处洗手间在何处；很多洗手台前都有镜子，女士们可以在此整理妆容，但要注意不能长时间占用，如果有其他人需要使用，应该先让开位置，让别人使用；当不确定洗手间是否有人使用时，可以轻敲门确定，不要贸然打开关着的门，以免引起尴尬。当里面有人时，即使很急，也不可以频频敲门催促。在使用时，如果知道外面有人等候，使用时间不应过长；不要在卫生间里长久打电话，不但会占用位置，也会引人反感；不要在洗手间大声说笑，也不要谈论别人的事；如果要在洗手间更换衣服，应在小间内尽快换完，不要被人看到换衣，会显得随便和粗俗；拉开或关闭门时不要太过用力，避免声音过响和损坏。

八、乘电梯礼仪

电梯是为人们提供便利，用来节省时间及提高工作效率的工具，正确使用电梯，应遵守相应的礼仪：

（1）等待电梯时，不要拥挤在电梯门前，以防止阻挡梯内出来的人，应站立于电梯门外的两侧，自觉排队，不要大声喧哗。如果搭乘电梯的人多，梯内满员时，不要往电梯里面挤，要等下一趟电梯。当电梯人数超载时，梯内离门口最近的人应马上退出。

（2）与陌生人同乘电梯，要按照先来后到顺序进入，出电梯时则应由外及里，不可争先恐后。与熟人同乘电梯，如果电梯内有值班人员，男士、晚辈、下属应礼让女士、长辈、上司和老弱病残者先进入电梯；如果无值班人员，男士、晚辈、下属应该自己先进后出，一只手操作电梯开关门按钮，另一只手做拦住电梯门的保护动作。

（3）进电梯后，尽量向两侧或后壁站，给后面的人留出中间的空间。下电梯前，要提前换到电梯门口。如遇残疾人，应让其站在离电梯门最近的地方。电梯内空间狭小，进出时尽量侧身而行，以免碰撞、踩踏别人，站立时，尽量与身边的人侧身相向。如果不小心碰到别人，应立即道歉。人多拥挤时，女士可以用胳膊或提包等随身物品保护自己的敏感部位。

（4）乘用电梯，切忌为了等熟人，让电梯长时间停在某一楼层，这样会延长其他乘客的等候时间，也容易引起不满。不要因为赶时间，进电梯后，就紧按"关"键，避免夹住其他人。如果发现有人正赶往电梯，应按住电梯"开"键，尽量等一会儿。如果自己赶往电梯时，看到电梯门快关上的时候，切记不能用手去挡电梯门或强行挤入，更不要扒门，以免发生意外。

（5）与熟人同行，在电梯里要尽量少说话。如果有必须要说的内容，要用适中的音量，以防打扰到别人。因电梯空间很小，所以讲话时最好不要有手部动作，更不能指手画脚，动作过大。

（6）电梯里绝对禁止吸烟，因为电梯空间密闭狭小，烟味不易消散。也尽量做到不吸完烟马上乘坐电梯，因为烟味会滞留在梯内。

（7）在电梯里不要凝视别人，这是极为无礼的行为，也会使人产生不安和紧张的情绪。

（8）如果拎着鱼、肉或带有特殊气味的物品乘电梯时，要提前包裹严密，以免有气味散出或汤汁流出，污染电梯环境，还应尽量站在电梯角落，防止蹭到他人身上。

（9）当电梯在升降途中因故暂停时，要耐心等候，不要冒险攀爬。

（10）一些电梯内设有镜子，方便乘客用来稍加整理仪容。需要注意的是，当电梯内有其他人时，不要旁若无人的对镜化妆或动作较大的整理服装。

九、上下楼梯的礼仪

1. 文明上下楼梯

（1）传统的礼仪中，正常走路，女士在前，男士在后；尊者在前，晚辈或下属在后，这样才是有礼貌的表现。但行走楼梯，考虑到体位或女士穿着裙装，尤其是穿短裙等原因，上楼时女士应走在男士的后面，下楼时女士可以走在前面。

（2）为客人带路，自己应走在前面。注意不能一个人直冲冲地往前走，应该不时回头关注客人。

（3）与老人、重要客人等上楼梯，请对方走在前面；下楼梯时，应自己走在前面，这样可以加以保护，防止对方有闪失。

（4）上下楼梯都应该从容，平稳。注意身体姿态端正挺拔，不能弓背撅臀，姿势不雅。

（5）女士穿长裙上楼梯时，注意不要踩到裙摆，可用一只手轻轻提裙，注意不能提得过高，提裙的手不要张开，而是贴近身体，手心朝下提裙。

（6）下楼梯时，也要保持身体端正，不要大幅度弯腰低头，可轻微含下颌，视线能看清脚下楼梯即可，下楼时，女士脚尖向下会比较优美。

2. 上下楼梯的注意事项

（1）应靠右侧行走，左侧留给急行和反向行走的人。如果是两人或两人以上，应该前后排序单行，不要并排行走，这是国际通用的惯例。

（2）上下楼梯步伐要轻，注意姿态、速度，讲究礼仪秩序，不要和别人抢行。不管自己有多么紧急的事情，都不应推挤他人，也不要快速奔跑。

（3）上下楼梯时，不应进行交谈。更不应停站在楼梯上或转角处深谈，以免妨碍他人通过。

（4）上下楼梯既要注意脚下，同时也要注意保持与前后人员的距离，以防碰撞。

（5）若携带较多物品，应先礼让他人，等楼梯上人较少时再走，以免相互影响。

第四节　校园礼仪

校园是传承文化、弘扬精神的重要场所。作为服装表演专业的学生，尤其要意识到校园礼仪对提高自身文明水平，树立个人形象，起着积极的促进作用。

一、师生及课堂礼仪

1. 师生礼仪

（1）虚心尊重、言行有礼，遇到老师要礼貌地打招呼，主动并真诚的问候。

（2）如果在狭窄通道或楼道碰到老师，应礼让老师先行；和老师一起外出乘坐交通工具时，请老师先上，有空位应请老师先坐。

（3）与老师交谈时应以倾听为主，姿势端正，态度谦恭。

（4）尊重老师的人格和习惯，不得顶撞老师，不得直呼老师姓名。

（5）遇有特殊节日，可向老师表示节日的祝贺。祝贺要发自内心，真诚而友善。

2. 课堂礼仪

学生遵守课堂纪律是最基本的礼貌。虚心学习，认真听讲，取得良好的学习成绩，就是对教师最大的尊重。

（1）上课不迟到，如因故迟到，不可擅自推门进入教室，应先在教室门外喊"报告"，得到教师允许后，方可进入教室。

（2）在课堂上要衣着整洁，姿势端正。夏天不能赤脚或穿拖鞋，不能穿无袖背心。冬天不应戴帽子、戴手套或口罩，不应围围巾。课堂上不能随便下位子走动，不做与课堂无关的事情。

（3）听课时，应始终保持端正的坐姿，注意力集中，认真做好课堂笔记。请教问题时，应注意方式、态度，谦恭地提出，切不可扰乱课堂秩序，以质问的态度来对待教师。

（4）课堂回答问题时，身体要端正，态度要大方，声音要清晰响亮，尽量使用普通话回答。

（5）下课时，要等老师宣布下课以后，学生才能开始收拾自己的学习用品，等老师先行离开教室，然后自己才起身离开。

（6）尊重老师的劳动，认真完成老师布置的作业，虚心接受老师的指导。

二、同学间相处礼仪

大学生在学校期间，与同学不仅共同学习，还要一起生活，朝夕相处。注意同学交往礼仪，有助于处理好同学关系，建立亲密、持久的友谊。

1. **尊重同学**　心理学家马斯洛的"层次需要"理论表明，受到尊重是人的一种心理需求，处理好同学之间的关系，最重要的是尊重。与同学交往，不说伤害同学的话，不做对同学无理的事情。对于同学遭遇的不幸、遇到的困难、学习上暂时的落后等，不应嘲笑、歧视，应该给予热情帮助。对同学不能评头论足，也不要在背后议论同学。每个人都有自己的隐私，隐私与个人的名誉密切相关，在集体生活中，要注意尊重和保护别人的隐私权，尊重别人的人格。不要翻看同学的日记、手机和信件，更不能将同学的隐私公布于众，这样做不仅是一种不道德、不礼貌、不光彩的行为，而且还是一种违法行为，应该完全杜绝。一个道德高尚、有礼仪修养的人，通常都有极大的同情心，不要给同学起绰号和嘲笑有生理缺陷的同学，应该给予关心、帮助和鼓励。

2. **宽以待人**　大学同学来自全国各地，每个人的生活习惯、性格都会不同，生活中难免有矛盾，误解和摩擦，要学会设身处地地站在别人的角度考虑问题，宽容大度，不斤斤计较，不因一点小事而激化矛盾。语言交流是同学交往的主要形式，与同学交谈要诚恳、谦虚、平和，对同学要一视同仁。要注意说话场合，掌握分寸，不该说的话，不要逞一时口舌，不计后果。生气时立刻暴跳如雷，恶语相向，是无教养、无礼仪修养的表现。与同学发生冲突，要谦让、宽容、谅解，要善于主动沟通，语言文雅，切忌猜疑、嫉恨、无事生非。不把自己的观点强加于他人，不以自己为中心，要严于律己，宽以待人，互相谅解，珍惜同学的情谊。

3. **相互帮助**　乐于助人是我们中华民族的美德之一，也是礼仪修养中不可缺少的内容。在大学里，学习和生活上都不能再依赖父母，所以同学间互相关心，互相帮助是非常重要的。同学需要帮助时，一定要尽可能施以援手，不要视而不见，置之不理。一个关心别人的人通常会得到别人更多的关心，一个为人冷漠、"事不关己，高高挂起"的人，则不会有人愿意与他交往。当然，帮助别人要根据具体情况，无论学习方面、生活方面的，还是物质上或精神上的，做到尽力而为，量力而行，真诚相助。但要切实记得，帮助同学千万不能损害他人或国家的利益，更不能违法乱纪。

在学校里生活学习，自己要备齐必需用品，不轻易向别人借钱、借物。如需向同学借用物品，说明原因，经同学允许后再使用，使用时要爱惜，用完及时归还并表达诚挚谢意。

在大学期间，异性同学交往及相互帮助要光明正大、心胸磊落，不需要心存顾虑和杂念。异性同学之间要相互尊重，相互勉励。

三、宿舍礼仪

宿舍是大学生学习、生活的主要场所。大学宿舍交往通常会经历以下三个阶段。初识期，刚入学时几个陌生同学被组合到一起，多数人会行为谨慎，试探性交往；相熟期，随着时间的推移，陌生感渐渐消失；平稳期，经过磨合，每个人都在成长和成熟，逐渐懂得尊重和忍让，舍友间形成相对平稳的相处模式。

与舍友朝夕相处，如果关系融洽、和谐，就会感到心情愉快，促进学习。反之，如果关系紧张，经常发生矛盾，就会影响正常的学习和生活，阻碍学业的正常发展。一个宿舍的同学来自不同的地方，有不同的生活习惯、家庭背景、爱好兴趣及价值观等，这些不同会导致同学间沟通交流和相处方式受到限制，也容易产生生活细节上的矛盾。为了营造一个和谐愉快的宿舍氛围，要努力提高自身独立生活能力、自控能力，掌握必要的宿舍礼仪常识。

（1）遵守宿舍作息制度，养成良好的作息习惯，按时起床和就寝，休息时间一切动作要放轻，说话声音要小，尽量避免打扰别人。不要在宿舍内使用易产生噪声的音响等设备，如果要收听广播、音乐等，尽量戴上耳机，或尽量将音量调到最小。若使用床头灯看书，要把灯光调暗，翻书的声音也要尽量减轻。

（2）注意公共卫生，养成良好的卫生习惯，搞好个人卫生的同时，自觉打扫和保持宿舍内的清洁卫生，不要自私懒惰、养尊处优。

（3）要爱护宿舍里的一切公共设施和公物，使用公共设施时，应该互相谦让，先人后己，要注意节约用电、用水。

（4）同学之间要相互关心，同学病了，主动关心和照顾。

（5）去其他同学宿舍，不要打扰别人的学习和生活，进入寝室后，应主动向其他同学打招呼问好，不可随便翻看别人的东西，谈话时声音要轻、时间要短，不能久坐，以免影响其他同学的学习和休息。

（6）在宿舍接待亲友时，应提前向寝室里的同学打招呼。亲友进入寝室后，应主动为同学介绍，要避免在休息时间接待外来人员。

（7）注意遵守校规，不要在宿舍内打麻将、赌博、酗酒，不要在宿舍内吸烟。

（8）不要妒忌攀比，在大学里，有各种聚会，例如，生日聚会，节日聚会，同乡聚会等，加强同学交流并增进友谊，但要注意不能铺张浪费，也不要相互攀比消费。

（9）注意公共安全，不随意留宿外人，不乱拉电线、乱装电灯，不在宿舍生火。点燃蚊香时远离其他物品，避免引起火灾。

四、食堂就餐礼仪

食堂是学生就餐的主要场所，也是充分体现学生文明素养的地方。作为当代大学生，在食堂就餐，应该维护就餐秩序，讲究公共道德，营造一个良好的就餐环境。

（1）买饭时应维护公共秩序，自觉按先后顺序排队，不要替别人预占位置。不要在食堂内打闹、高声谈笑，不要用筷子、勺子等敲餐盘或餐碗，也不要有其他不文明举止。

（2）买好饭菜，寻找空位时，应谦虚礼让，不抢位、占位。入座位动作要轻巧，不要乱拉乱拖桌椅，乒乓作响。

（3）在食堂用餐，要穿着整齐，不要穿背心、拖鞋进入食堂。用餐时要注意姿势端正，吃东西或喝汤时要小口吞咽，闭嘴咀嚼，尽量不发出响声。坐在座位上时，不要把脚踩在邻座上，也不要把腿伸长在过道上，影响经过同学的正常行走。在食堂不要脱鞋、袜。

（4）注意公共卫生，不要向桌面、地面扔垃圾杂物，骨、刺等不要乱吐，可以放到餐具里或吐到纸巾里。如果不小心打翻饭菜，一定要及时地进行清理，或向食堂工作人员求助，借用抹布、拖把一类的工具进行清洁。用餐后，剩余的饭菜应倒入指定桶内，不要往洗碗池、洗手池里倒，更不要倒在桌面和地面上。若使用的是食堂提供的餐具，还应分类放入指定的容器中。

（5）进餐时要保持安静，切勿大声喧哗。用餐完毕后，要及时离开，给其他同学腾出位置。勤俭节约是一种传统美德，不要浪费食物，养成按量购买的好习惯。

（6）要尊重食堂工作人员，买饭的时候，要先问好，离开窗口的时候，应表示感谢。如果饭菜不合口味或饭菜质量有问题，不要当着工作人员的面抱怨，可以婉转地提出建议。

第五节　生日、婚丧礼仪

一、送鲜花礼仪

在现代社会，鲜花经常被作为象征美好的高雅馈赠礼品、传递祝福的桥梁和人们日常交际的重要媒介，寄托送花人情感，帮助人们促进情谊。不同场合，不同事件，人们都可以通过送花表达心意，但送花要掌握好时机，才能恰到好处，达到最佳效果。

1.鲜花的选用　从花的颜色上看，凡花色为红、橙、黄等暖色的花往往含有吉祥之意，可用于喜庆事宜；而白、黑、蓝等冷色的花，大多用于伤感事宜。所以赠花要结合具体情况，根据送花的目的、对象及场合的不同而精心考虑，选择合适的鲜花。

（1）新春佳节，可选送艳丽多彩的、热情奔放的鲜花，表示吉祥、带有喜庆与欢乐气氛的花，如牡丹花、水仙花、金橘、状元红、吉祥果、蟹爪兰、红掌等。

（2）祝贺开业或乔迁之喜，可选牡丹、红月季、大丽花、红掌、君子兰等。

（3）看望长辈或老师，表达感恩和祝愿，可选康乃馨、满天星等。

（4）探望病人，表示问候，并祝愿早日康复，可选悦目恬静的马蹄莲、康乃馨或具有幽香的兰花等。

（5）迎接亲友，表达热情好客，可选紫藤、月季、马蹄莲等。

（6）送别朋友，表示不舍之情，可以赠一束芍药花。

（7）热恋中的人可送玫瑰花、郁金香等，都是爱情的象征。

（8）祝贺新婚，表示富贵吉祥，幸福美满，可送花色艳丽、花香浓郁的鲜花，如百合、玫瑰、牡丹等。

（9）为长辈祝寿，可选送长寿花、大丽花、迎春花、兰花、万年青等，寓意为"福如东海，寿比南山"。

（10）祝贺同辈人生日，可选石榴花、象牙花、红月季等，意为青春永驻，前程似锦。

（11）参加追悼仪式用花，应选淡雅、肃穆的白玫瑰，白菊花或素花等，象征悲痛惋惜之情。

2.礼品鲜花的种类　鲜花作为高雅的礼品，有花束、花篮、盆花、插花等不同种类：

（1）花束：是以一种或多种鲜花捆扎成束，精心修剪或包装而成的，应用最多。

（2）花篮：是在各种精编草篮里，盛放一定数量的鲜花。赠送花篮往往会显得隆重，适用于开业、演出、祝寿等。

（3）盆花：指栽种在专门的花盆里，可长期养殖观赏的花草。

（4）插花：是采用一定的艺术审美手法，将鲜花在精心修剪之后，经过认真搭配组合，然后插放在花瓶、花篮、花插之中。

（5）饰花：指单枝的鲜花经过修饰后，用作点缀衣襟或发型。

（6）花环：是用鲜花编扎成环形，可以手持，也可以佩戴于脖颈、头顶或手腕处。可用于自我装饰，也可用于表演或迎送贵宾。

（7）花圈：是用鲜花扎成的固定的圆状祭奠物。仅用于悼念、缅怀逝者。

3.送鲜花的注意事项　人们通过鲜花来传情达意，往往能起到比语言表达更好的效果，但送花有很多讲究和禁忌，同一种鲜花，在不同的国家、地区、风俗习惯和文化背景下，寓意和象征也不一样。有很多国家都将某种鲜花定为本国的国花，如日本的樱花、英国的玫瑰花等。荷花是印度的国花，中国人也喜爱荷花出淤泥而不染，但在日本荷花却象征死亡。在欧洲许多国家，人们忌用菊花为礼，认为菊花是墓地之花，象征着悲哀和痛苦。在中国，百合花象征着百年好合，但英国、加拿大、印度等国家认为百合花代表"死亡"。德国人认为郁金香代表无情，送郁金香表示绝交。

在花的颜色上，不同国家的理解也不一样。在西方人眼中，白色鲜花象征纯洁无瑕，适合送给新人，可是在中国却正相反，婚礼送白色鲜花，会被认为大不吉利，东方人在参加婚礼时，往往送红色鲜花，认为红色代表大吉大利；送花给巴西人时不要送紫色花，因为巴西人习惯以紫色花为丧礼之花；欧洲人多忌黑色，认为黑色是丧礼之色；法国人忌送黄色花，认为黄色花象征不忠诚。英国人忌送黄玫瑰，认为黄玫瑰象征亲友分离。

在鲜花的数量上寓意也有不同，在中国，喜庆活动中送花要送双数，意为"好事成双"，但不能送4或尾数是4的花数，因为4发音与"死"相近。在丧葬仪式上送花则要送单数，以免"祸不单行"；在西方国家，送人鲜花则讲究是单数，但却认为"13"是凶数；俄罗斯、波兰、罗马尼亚等国家忌讳双数，认为双数花不吉祥，但是过生日则可以送双数；日本人忌"4""6""9"几个数字，因为它们的发音分别近似"死""无赖"和"劳苦"，都是不吉利的。

送花还要注意以下禁忌：送花以送鲜艳盛开的花为最佳，不要送即将枯萎的花，也不要送干花、纸花、塑料或布艺的假花；探望病人时不要送盆花，会让病人联想到久病成根。不要送香味浓郁的鲜花，尤其是气管及肺部疾病的病人；不要给产妇送鲜花，因为花粉容易使新生儿皮肤过敏；在讲粤语的地区，由于方言发音的关系，送花时尽量避免送剑兰（见难）、茉莉（没利）。

要使自己送花得体，就要掌握花的寓意和送花的礼仪常识，以免弄巧成拙。

二、生日礼仪

诞辰，称"生日"，是一个人出生的日子，也指每年满周岁的那一天。人们把某人诞生纪念日举行庆祝活动称"过生日"，在这一天会给过生日的人送上各种祝福，并通过庆祝活动增加交流及增进彼此的感情。在我国，人们对这个特殊日子都比较重视，因为过生日意在祈求生命的延续、健康长寿，各种庆祝活动充满了对生命永恒的期盼。庆祝诞辰，60岁以前称"生日"，60岁以后称"做寿"，逢整十岁则做大寿（如70岁、80岁）。有些地区为了避讳"十全为满，满则招损"的说法，采取过"九"不过"十"。如在59岁时过60大寿，69岁时过70大寿。

1. 庆贺生日类别

（1）婴幼儿过生日：婴幼儿过生日，尤其是过周岁生日，通常家长会邀请亲朋好友参加。给婴幼儿过生日，适合送的礼物有婴儿食品、衣裤、鞋帽、玩具等。

（2）成人仪式：指一个青少年成长到18周岁举行的仪式。18岁是人生的一个重大转折点，一个人进入18岁以后，将以更加自主、更为积极的心态去面对人生，在社会生活中扮演更加重要的角色，发挥更大的作用，担负起对国家、社会和家庭的责任。因此，举行18岁成人仪式是一件非常有意义的事。

（3）青年人过生日：现在的青年人对自己的生日都很重视。往往会在过生日时邀请好友以聚会、野餐、郊游等方式一起庆祝。祝贺者可以准备一束鲜花或一件小礼物。如不能参加，可通过电话、贺卡等方式送去对朋友温馨的祝福。

（4）父母生日：作为子女，应记住父母的生日。为父母庆祝生日，要献上表示心意的礼物。如果父母已年迈，最好送上能希望父母幸福、健康、长寿的礼物，如寿糕、寿桃等。如果父母年岁不太大，可以送上父母喜爱或所需的礼物。

（5）为老年人祝寿：为老年人祝寿，是我国的传统。祝寿的礼节要求比较庄重、讲究。服装宜选择色调明快、含有喜庆之意的颜色，忌穿全黑、全白或黑白相间的服装。寿礼一般可选包装精美、做工精细，含有健康长寿、吉祥如意等寓意的食品或物品。在祝寿时语言要以祝贺、颂扬为主，如福如东海、寿比南山；松鹤延年、如松如柏等，忌说不吉利的语言。作为晚辈行礼要庄重，一般以抱拳作揖、鞠躬等礼节为宜。祝寿时一般要吃面条，称为"长寿面"，取健康长寿之意。为老人祝寿，主要是使老人开心，让老人感到心满意足，其乐融融。

2. **送生日礼物的注意事项**　祝贺者通过送生日礼物表达美好心意，礼物不一定贵重，但却能传达最诚挚、温馨的希望与祝愿，表达情感，增进情谊。亲友之间庆贺生日是常事，但不能搞得庸俗化，要做到有礼、有意。送生日贺礼要考虑场合、家庭环境，以及祝贺对象的身份、年龄，与自己的关系等因素，如果不考虑这些因素，往往会弄巧成拙，适得其反。礼物要送得真诚自然，了解对方需要，投其所好，如果送出的礼物既符合庆祝生日，又很适合对方需求，就会受到欢迎。送生日礼物，一般来说，对家贫者，以实用为最佳；对富有者，以精巧创意为佳；对朋友，以趣味性为佳；对外宾，以特色为佳；对孩子，以益智有趣、新奇为佳；对老人，健康实用为佳，尽量选择有喜庆、祥和、长寿、安康象征的礼物，切忌给老人送钟表和雨伞，因为"送钟"与"送终"谐音，"伞"与"散"谐音。还有，不能为健康人送药品，不能为异性朋友送贴身的用品等。

3. **过生日注意事项**　过生日的本质意义，是庆祝生命的延续和兴旺，以及对母亲赋予生命的感激。生日也是母亲的受难日，所以生日庆祝，应邀请家人，尤其是父母，要对他们的生养之恩表示感谢。

举办生日聚会不要摆阔气，不要一味追求奢华，要警惕形成攀比风，一个美好的、能给人留下深刻记忆的生日聚会更在于主人的策划和安排是否有新意，更应侧重朋友间沟通交流、加深友谊。过生日时，接受他人礼品，不论礼物大小、价值高低，都应真诚的表达谢意。如果生日宴会是在家里举办，娱乐要注意掌握时间，要考虑不影响和打扰周边邻居。

三、参加婚礼的礼仪

婚礼是青年男女喜结百年之好的人生大事，一般都会举行适度的仪式进行庆贺，以示重视，并留下终生难忘的美好回忆。同时，也会邀请亲朋好友共同见证和欢聚。作为参加婚礼的嘉宾，要注意如下礼仪。

1. **馈赠**　参加婚礼这种隆重而喜庆的仪式，往往会馈赠礼品，表达祝愿之情。要尽可能对新人的性格、爱好、需求等加以了解分析，然后选择送礼方法，以免失礼。

如果赠送礼金，要考虑自己的收入水平、与新人关系的亲疏程度、其他人礼金的多少等因素。

礼金包上要写上祝贺语，如永结同心、百年好合等，礼金用的钞票应是新钞票；实用品适宜于送亲朋好友，在购买以前，应该先了解对方需求，以免受礼者重复购置；赠送鲜花适宜于新式婚礼，显得较具时代气息，可采用花束或花篮。

2. **参加婚礼的仪表**　应邀参加婚礼应适当注重自己的仪表。参加婚礼前，应做好身体及面容的清洁修饰。男士要清洁好头发，刮净胡须、剪好鼻毛。女士可以化淡妆，但不宜浓妆艳抹。着装应是较为正式的礼服，要尽量穿得喜庆亮丽、大方得体。女士不要打扮得过于妖艳，服装颜色尽量避免大红色，否则会喧宾夺主；避免穿白色裙装，因为新娘会穿白色婚纱；也要避开黑色，因为黑色容易让人联想到丧礼，会破坏喜庆的气氛。

3. 参加婚礼应注意的事项

（1）收到婚礼请柬后，要尽快回复信息给对方，表达祝贺并告知对方出席与否，同去人员，以便对方安排。

（2）参加婚礼，不要迟到或匆匆忙忙地赶到，会很没礼貌，要提前半小时到达。应邀者进入婚礼现场后，应听从接待人员的安排，在指定的座位就座。入座时要跟邻席的人打招呼，如果同桌的人都是陌生人，也要表现出愉悦的心情，可以对同桌的人进行简单自我介绍。

（3）在婚礼举行仪式时，应停止聊天、吃东西，要安静观看和倾听，在气氛热烈时要随大家鼓掌。

（4）婚宴上要注意礼仪，保持基本的风度。与熟人谈笑，要注意分寸，不要大声喧哗，言行举止要符合婚庆礼仪，不能因为气氛热烈而忘形失态。使用餐具时要小心，婚礼上忌讳有人打碎东西。不要过量饮酒，以免醉酒失礼。

（5）在婚礼上，如果想提前告辞，最好等婚礼仪式结束后再走。不必向新人面辞，但要跟坐同桌的人打招呼。

四、参加丧礼的礼仪

在我国，丧葬礼仪是人生四大礼（冠礼、婚礼、丧礼、祭礼）之一。人作为社会的一分子生活在群体之中，一旦死亡对周围的人会产生重大影响，家属和亲友都会十分悲痛，举行丧葬仪式表达对逝者的悼念和哀思。在获悉亲朋好友家有丧事时，应主动去表示关心，前往吊唁，这对逝者家属来说，是最大的慰藉。参加丧礼庄重严肃，因而对参加丧礼的人的礼节要求也很高。

1. 吊唁的方式

（1）参加追悼会：参加追悼会，应怀着极其沉痛的心情，认真地履行追悼会的每项仪式。参加追悼会时，可单独或几个人合送花圈以寄托哀思。也可以送挽幛、挽联，挽幛通常用整幅绸布做成，也有用纸糊装裱成轴的，为了便于悬挂，挽幛一般为竖式；挽联属专为哀悼逝者而写的对联，一般要挂于追悼会场两侧。挽幛和挽联的内容一般都是颂扬逝者的业绩和情操，应该使人看了心生敬佩哀痛之情，要求文字内容体现真挚情感、恳切言辞，要切合逝者的身份。

（2）抚慰逝者亲属：如果自己没有参加追悼会，应到逝者家中探望并劝慰其家属，要注意谈吐得体、服饰朴素、感情真挚，让家属真正得到精神慰藉。

（3）以唁电、唁信哀悼：由于自己远在异乡，或因特殊原因未能亲往吊唁，可以唁电、唁信方式给逝者家属，哀悼逝者、安慰生者。无论是文字信息还是通话，语言要精练、概括、质朴、自然，内容不宜过长，应表示出自己沉痛哀悼的心情，并以真情劝慰家属要缓解悲痛。

2. 参加追悼会注意事项

（1）参加追悼会，是寄托对逝者的怀念和哀思。追悼会的气氛是沉痛的，致哀者的服饰穿着应以稳重肃穆的暗色为宜，因为衣服的颜色代表了穿着者的心情，衣服上可佩戴白花或黑纱。男士可穿深色正式服装，女士可穿保守朴素的服装，切忌穿着性感、暴露，不能披红戴绿，不宜化浓妆，不宜佩戴夸张的首饰，也不要使用香水。

（2）在履行追悼会仪式时，参加者态度应该庄重，站立端正，说话、走路要轻，表情要严肃、沉痛，感情真挚。不能漫不经心，随随便便，给人以毫不在乎的感觉，这既亵渎逝者，又侮辱生者。一般来说，追悼会的仪式包括奏哀乐、默哀、致悼词，向逝者遗像鞠躬告别。奏哀乐时，不要东张西望，而应低头默哀。

（3）要尊重逝者家属的安排，遵守会场秩序。对逝者亲属的慰问，应朴实真挚，即使十分悲痛，也不要号啕大哭。参加追悼会不能中途退场，不可见了熟人便三五成群、谈笑风生，这都是对逝者的不敬。

思考与练习

1. 什么是家庭礼仪？
2. 请简述乘坐地铁的礼仪。
3. 请简述乘坐飞机的礼仪。
4. 请简述在剧院观看表演，应该遵守的礼。
5. 请简述在电影院观看电影的注意事项。
6. 请简述使用公共洗手间的注意事项。
7. 送鲜花的禁忌有哪些？
8. 请简述到医院探望病人的注意事项。

职业礼仪

会面礼仪

课题名称： 会面礼仪

课题内容： 1. 握手礼仪

2. 致意、行礼的礼仪

3. 交换名片礼仪

4. 介绍礼仪

5. 称谓礼仪

6. 拜访礼仪

课题时间： 6课时

教学目的： 使学生掌握会面礼仪的详细内容

教学方式： 理论讲解

教学要求： 重点掌握会面礼仪的方法及注意事项

课前准备： 提前预习职业礼仪内容

第六章　会面礼仪

作为一名模特，无论是人际交往还是职业发展都少不了与人会面，会面应遵循一定的礼仪规范。

第一节　握手礼仪

握手起源于原始社会，当时的人们处于刀耕火种的状态，经常手持武器狩猎和打仗，在遇到陌生人时，为了表明无恶意，就要放下手中的武器，伸开手掌，让对方抚摸手掌心，表示手中没有藏武器。这种习惯逐渐演变成今天的"握手"，成为国际上通用的见面问候、致意和告别礼节。

握手虽然只有几秒钟的时间，但握手的方式、力度、态度等，能表达一个人的性格、可信任程度、心理状态，能表现态度是热情还是冷漠，是积极还是消极，是以诚相待的尊重还是居高临下的敷衍。正如著名作家海伦·凯勒所说："手能拒人于千里之外，也可充满阳光，让人感到很温暖。"因此，作为一个有修养的模特，必须要正确运用握手的基本礼节。

一、正确的握手姿势

正确的握手姿势是：距离握手对象约 1 米处，双腿并立，上半身微前倾，伸出右手，手掌与地面垂直，指尖稍向下倾斜，拇指张开，其余四指并拢，与对方相握；握手的力度应适中，不轻不重，恰到好处。不要手指刚刚触及就离开，或是懒散、软绵绵的相握，缺少应有的力度，会给人勉强应付、不得已的感觉；与人握手时神态应专注、热情、友好，自然面带笑容，眼睛注视对方，握手的同时应开口道问候，如"您好""久仰""幸会""欢迎"等。有时，为了表示敬意，握手时还要微微点头鞠躬，握住的手上下微摇；握手时间以 3~5 秒钟左右为宜，既不要轻触就分开，也不要久握不放。

二、握手的注意事项

（1）男女之间握手，男士要等女士先伸手，如女士无握手之意，男士就只能点头或鞠躬致意；长幼之间，年幼者要等年长者先伸手；上下级之间，下级要等上级先伸手；宾主之间，主人应向客人先伸手。在公务场合，握手的先后次序主要取决于职位、身份；而在社交、休闲场合，则主要取决于年龄、性别。

（2）若是一个人需要与多人握手，应先上级后下级，先长辈后晚辈，先女士后男士，先已婚者后未婚者；多人同时握手注意不要交叉和争先恐后，待别人握完后再伸手。如果是到朋友家中，客人较多，可只与主人及熟识的人握手，向其余的人点头致意即可。

（3）适合握手的场合包括拜访他人时、道别辞行时、被介绍与人相识时等。有些情况不适宜与他人握手，如对方手上拿着较重的东西或对方正在打电话、用餐，这时可采用其他方式向对方致意。

（4）握手时精神要集中，切忌漫不经心、敷衍了事、傲慢冷淡。更不要一边握手，一边东张西望，目中无人，甚至忙于跟其他人打招呼，这是极为失礼的表现。

（5）握手力度适中，不要握得太紧以及抓住对方的手使劲摇晃，但也不要过于软弱无力，使对方感到你很傲慢、冷淡。过轻或过重的握手都是失礼的。

（6）男士与男士握手时应虎口相对，可以握得较紧、较久，以示热烈；男士与女士握手应热情、大方，初次见面，可以只握住对方几根手指，表示矜持与稳重。

（7）握手时，不要掌心向下握住对方的手，会让对方会觉得傲慢难以接近；不要用左手与他人握手；不要坐着与人握手，因病或其他原因不能站立者除外；不要在握手时戴手套和帽子，女士着晚礼服手套和帽子除外；不要在握手时戴墨镜，患有眼疾或眼部有缺陷者除外；不要在握手时将另外一只手插在衣袋里；不要在与人握手之后，立即擦拭自己的手掌。

第二节　致意、行礼的礼仪

致意和行礼，是表达友好与尊重问候的动作举止，是社会交往中的基本礼节。

一、致意的方式

1. **微笑致意**　微笑致意适用于与其他人在同一场合，却不适宜进行交谈或无法交谈时，表达友善之意。如果微笑同时配合点头致意，会更显诚意。

2. **点头致意**　点头，也称为颔首礼，是一种常用的致意方式，适用于不宜交谈的场合，或者是在同一场合多次见面、路遇经常见面的熟人时使用。点头同时应该面带笑容，眼睛看着对方。

3. **举手致意**　举手致意是一种与距离较远的人打招呼的方式。一般不必发出声音，上举右臂，掌心朝向对方，拇指微张开，四指并拢，轻轻左右摇摆一两下手即可。

4. 起立致意　在较正式场合里，迎接长者、尊者时，在场者应起立致意，待他们落座后，自己才可坐下。长者、尊者离去时，也应起立，待他们离开后才可落座。

5. 欠身致意　欠身致意是一种恭敬的致意礼节，上半身微微前倾，同时点头，多用于对长辈或自己尊敬的人致意。

二、行礼的方式

1. 鞠躬　在我国，鞠躬源于商代，是一种古老文明的对他人表示尊敬的郑重礼节。鞠躬既适用于庄严肃穆或喜庆欢乐的仪式，又适用于社交和商务活动场合。在会面中，为了表达对对方的尊重，可以行鞠躬礼。施鞠躬礼时，应立正站好，身体端正，面对受礼者，距离约二三步远，以髋部为轴，上半身前倾15°～90°，一般尊敬程度越高，前倾幅度越大，目光向下，面带微笑，双手应在上半身前倾时自然放于体侧或在腹前搭握，女士右手在外，左手在内；男士左手在外，右手在内。尔后恢复立正姿势，并双眼礼貌地注视对方。施鞠躬礼前，应先将帽子、手套、围巾、墨镜等摘下再施礼。

2. 拱手礼　拱手礼，也称为作揖，是最具中国特色的见面问候礼仪。在现今，正式场合或隆重场合一般不使用，但向长辈拜年、祝寿，或向友人贺喜时，常用此种致礼方式。行拱手礼时，应双腿站直，上身直立或微俯。男士左手在前，包住握拳的右手，因为古人认为右手是用来拿武器的，杀气太重。女士则是右手在前、左手握拳在后。两手合抱于胸前，有节奏地上下晃动两三次。当对方行拱手礼时，受礼者也应以同样拱手还礼。

3. 合十礼　合十礼比较正规庄严，姿势是用双手十指和手掌在胸前相对合，指尖向上，掌尖与鼻尖基本持平，双腿立直站立，上半身微欠低头，可以同时祝福或问候对方。通常行合十礼的双手举得越高，表示对对方的尊敬程度就越高，在以合十礼为见面礼的国家，人们认为合十礼比握手礼高雅，也更为卫生。在东南亚信奉佛教的国家，以及我国的傣族等，合十礼是通用礼节。

4. 拥抱礼　拥抱礼是流行于欧美的一种见面礼节，在中国也逐渐得到广泛运用。拥抱礼是两人相对站立，各自举起右臂，将右手搭在对方左肩后面，左臂下垂扶住对方右腰后侧，两人头部及上半身都稍向左侧倾斜，相互拥抱。较为亲昵的双方，在拥抱的同时，手掌可以轻拍背部。

5. 亲吻礼　亲吻礼是一些西方国家问候致意的方式，通常与拥抱同时进行。依照双方关系的亲疏程度，亲吻的部位与方式也有所相同。一般长辈对晚辈，是亲吻额头；晚辈对长辈，应当吻下颌或面颊；同辈之间，同性应当贴面颊，异性应当吻面颊，但一般男士之间是以握手方式致礼。行亲吻礼时，忌讳发出声音，而且不应将唾液弄到对方脸上。欧美国家也有吻手礼，一般是男士对已婚女士行此礼，多为入室礼。

三、致意、行礼的注意事项

（1）致意和行礼时动作应是认真的，以充分显示对对方的尊重。应充满诚意，表情和蔼可亲，不能表情冷漠或精神萎靡不振。

（2）举止要文雅，不要在致意的同时，向对方高声呼喊，以免妨碍他人。

（3）致意或行礼的先后顺序应是，男士先向女士，年轻者先向年长者，学生先向老师，下级先向上级，未婚者先向已婚者。

（4）遇到想要致意或行礼的人，如果对方正在应酬，应在对方的应酬告一段落之后再上前，不要贸然上前打扰。

（5）致意或行礼时，若戴着有檐的帽子，则应脱帽致意，同时问好。

（6）由于致意是一种不出声的问候，所以向他人致意时一定要使对方看到、看清，才会使自己的友善之意被对方接受。不要同对方相距太远，也不要站在对方的侧面或背面，以避免对方看不到或看不清楚。

（7）他人向自己致意或行礼时，应以同样的方式回敬对方致意，毫无反应是失礼的。

第三节　交换名片礼仪

名片，是一个人身份、价值的一种彰显方式，可以快速让他人对自己有一定的了解。名片上一般印有单位名称、头衔、联络电话、地址等。模特的名片可以在设计风格上体现一定的艺术性、时尚性，也可以把照片印在上面，使他人对自己印象深刻。在交换名片时一定要做到规范，才能在生活、学习、工作中营造良好的人际关系。

一、如何递送名片

1.递送名片的姿势　当把名片递给别人的时候，应起身站立，郑重其事，面带微笑，注视对方。要双手递送，以示尊重对方。名片应用手掌托住，拇指扶住名片的两个上角，或用双手拇指和食指各执名片的两个上角。交予对方要把文字正面部分对着递交对象，以方便对方观看。

2.递送名片的顺序　名片的递送顺序应是位低者先向位高者递，男士先向女士递，来访者先向接待者递，年轻人先向年长者递。当对方不止一人时，应先将名片递向职务较高者或年龄较大者；如分不清众人的职务高低和年龄大小时，则可由近及远，依次递送，切勿跳跃式地进行，以免有厚此薄彼之感。

3. **递送名片的注意事项**　参加重要活动时，名片要足量携带，避免不够使用；名片放置到位，一般应该放在名片夹里，男士穿西装，可放在上衣口袋里，女士可以放在手袋里面。不要放在裤兜里，也不要放在钱包里；递送时不要将名片举到高于胸部位置，不要以手指夹着名片给人；不要用左手递给别人，尤其对外交往。把名片给别人的时候，一般还需要寒暄几句话，如请多指教、请多关照等。

二、如何接收名片

接收名片时要起身，面带微笑，双手接住。不管是在吃饭，或者在跟别人交谈，要把手里的事放下来站起来接，同时要表示谢意。接到对方的名片之后，一定要把自己的名片及时地回赠对方，如果没带名片，要跟对方解释一下。收到名片后一定要认真阅读，既可以对对方加以了解，也表示对对方的重视。阅读后要珍惜并收放到位，要把名片放在自己的名片夹或手袋里，也可放在上衣口袋里，要给别人被重视的感觉。千万不要弄脏或弄皱、反复把玩、随手乱放。

第四节　介绍礼仪

介绍是人与人相互沟通的桥梁，是社交场合中陌生人互相了解的最初方式，恰到好处的介绍可以获得良好的人际关系，落落大方的介绍，可以显示良好的交际风度。

一、自我介绍

自我介绍就是将自己介绍给他人或众人。自我介绍的内容要根据交往的具体场合、目的、对象等实际情况，内容要真实，言简意赅，可以同时递送名片来辅助。

进行自我介绍的时候，应该先向对方点头致意，得到回应之后再向对方介绍自己。态度主动诚恳、自信大方，语气自然清晰、亲切友好。切忌慌慌张张、不知所措。对自己的描述要客观，措辞要适度，既不要炫耀自己，也不要贬低自己。

自我介绍时，要注意观察场合和时机，如与一人会见，问好后便可开门见山地进行自我介绍。如有多人在场，做自我介绍时，不要把目光集中在一个人身上，最好环视大家，如果大家的精力正集中在他人、他事上，则不宜进行自我介绍。

二、介绍他人

介绍他人指的是由自己为其他彼此素不相识的人互相介绍、引见。在为他人做介绍时，必须首先了解被介绍双方的身份信息，并遵循"尊者居后"原则。目前，国际公认的介绍顺序是：先介绍年幼者给年长者；先介绍下级给上级；先介绍主人给客人；先介绍男士给女士；先介绍未婚者给已婚者，先介绍后来者给先来者；先介绍职位低者给职位高者；先介绍学生给老师。

在正式场合介绍时，态度要热情谦虚。例如，"请让我来介绍一下……"在非正式场合，可以用轻松、活泼的方式。介绍要简短、高效，要照顾到双方的情绪，不要太过仓促或过于笼统，让人觉得缺乏诚意。为他人作介绍要体现双向性和对称性，不要厚此薄彼，不可以详细介绍一方，却粗略的介绍另一方，不要对一方有意贬低而对另一方恭维。做介绍时应当尽可能地让被介绍的双方了解彼此的最大优点或者突出特点。作为介绍人，应牢记介绍双方的姓名和所要介绍内容，一旦说错是很失礼的行为。

在做具体介绍时，手势动作应文雅，仪态应端庄，表情应自然。手的正确姿势应为手指并拢，掌心向上，手臂略向外伸向被介绍者，并且眼神要随手势看向被介绍者，向对方微笑。正式场合介绍时，介绍人和被介绍人一般应起立，相互握手问好，如果被介绍双方相隔较远，中间又有障碍物，可点头微笑致意或举起右手致意。

第五节　称谓礼仪

称谓指的是人们在日常交往中对亲属、朋友、同事或其他人员所采用的称呼语，能恰当地体现出当事人之间的关系。人际交往，礼貌当先；与人交谈，称谓当先。称谓礼仪是日常交往中的基本礼节，所包括的内容是非常广泛的，如有姓名称谓、性别称谓、亲属称谓、职务称谓等。

社交称谓的选择要根据对方性别、年龄、职业和文化程度不同，要视交际对象、身份、双方关系和场合而定。在正式场合中，正确称谓别人是最基本的素质和礼仪要求，称谓要庄重、恰当、文雅、亲切，这既反映了自身的教养和对他人的尊敬，也能使双方快速打消生疏、拉近距离、增进感情、沟通心灵，因此在称谓上绝不能疏忽大意。

一、称谓语的使用

中国人一向以谦虚著称，古代的人们在称谓上，是敬称对方、谦称自己，体现了语言美的优良传统。如第一人称代词有"余""吾""予""台""卯"等。第二人称代词有"汝""尔""若""而""乃"等。经常使用自谦语也是中国人自古以来的一个习惯。例如，在古代，皇帝常自称"寡人"，意思是寡德之人。普通人的自谦语则更多，如"在下""鄙人"等，称自己的妻子为"拙荆"，称自己的孩子为"犬子"等。称别人的姓、名为"贵姓""大名"等。称别人年龄为"贵庚""芳龄""高寿"等。在谈到亲人时，对自己的亲属采用谦称，如称自己的长辈"家母""家父"；称晚辈或年龄低于自己的亲属"舍弟""舍侄"；称自己的子女"小儿""小女"。对他人的亲属，则采用敬称，如对长辈称"令尊""尊母"；对平辈或晚辈，称"贤妹""贤侄""令爱""令郎"等。发展到现代，这些谦敬语的使用已经不多了。

现代称谓上，第一人称用得最多的是"我"，第二人称是"您"和"你"。对待长辈、尊者称谓"您"，以示尊重。对待同龄人或晚辈称谓"你"，表示友好和随意。对年老的人称"老大爷""老奶奶""老人家"等；对于德高望重的老人，称谓敬重，如"王老""赵老"等；对于不同职业的人，可以采用职业称谓，如"李老师""王教练""孙警官""赵医生"等；称谓对方职衔也是一种常用的、表示尊敬的方式，如"李博士""王教授"等；在公务活动中，也可称谓对方的职务，如"张处长""李主任""部长先生"等。

二、使用称谓语的注意事项

1. **称谓的顺序**　在同一时间之内与多人会面时，称谓要注意分清主次。可由尊而卑，先从尊者、长者开始，自高而低，依顺序进行；可由疏而亲，先称呼与自己关系生疏者，再称呼与自己关系亲近的人；可由近而远，按照每个人距离自己的远近来进行，先称呼距离自己最近者，然后依次称呼距离较远者。

2. **合乎场合**　正式场合与非正式场合的称谓是有区别的，称谓要适应场合的需要。在公务场合的称谓要庄重、正式、规范，即使关系非常亲密，到了正式场合也要遵守正规的称谓。另外，不要使用容易引起歧义的称谓，在任何情况下，都不要当面称呼他人的绰号，也不要以生理特征作称谓，如"胖子""瘸子"等。

3. **称谓准确**　称谓对方时，不要粗心大意叫错对方的名字，要合乎对方的身份，不能把对方的年龄、辈分、婚姻状况、职务等作出错误的判断，在称呼之前，要把对方的名字和身份信息熟记于心。一般在社交场合，男性不论年龄大小都可称为先生，女性无论年龄大小也都可以称为女士。

4. **称谓清楚**　称呼别人时，要加重语气、放慢语速、发音清楚，不能含糊不清、一带而过。称呼后应稍停顿一下，再谈要说的事，这样才能引起对方注意并认真地听下去。

5. **发音准确**　《中华姓氏书法大词典》中共收录了10129个姓氏，其中有些姓是双音字，读音很容易出错，如"仇"姓应读［qiú］；"查"姓应读［zhā］；"盖"姓应读［gě］；"区"姓应读［ōu］；"尉迟"复姓应读［yù chí］等。为了避免读错对方的姓氏和名字，可以事先查阅或者间接询问他人，以避免使用错误的称谓。

第六节 拜访礼仪

作为一名模特，在工作和生活中，出于各种原因可能要去拜访他人，无论是出于人际交往还是职业发展需求，也无论是事务性拜访还是礼节性拜访，要取得预期的目的和效果，都应讲究礼仪，遵循一定的礼仪规范，才能顺利地达到拜访目的。

一、拜访准备

较为正式的拜访前，应该做相应的准备工作。

1. 拜访预约 拜访要提前约定，让对方有所准备，突然的拜访是非常失礼的行为。预约的语气应该是友好、请求、商量式的，而不能是生硬的、强求式的。预约时要商定时间、地点，告知对方大致目的。私宅礼节性拜访应预约在晚上七点半至八点或节假日的白天，与工作相关的事务性拜访最好安排在工作时间，但要尽量避免周一上午和周五下午，因为这两个时间段往往都是最忙的时候。每天刚上班的一小时和下班前的一小时也要避免，因为刚上班要安排一天的工作，临近下班时人会比较疲倦。预约的时候要尽量配合对方的时间，也可以多给出几个时间供对方选择，采取协商的方式确定拜访时间会显得更加有诚意。

2. 准备物品 首先要准备名片，名片是自己身份的代表，交换名片也能更加获得对方的好感和信任；拜访总有明确的目的性，为使所要表达的内容准确全面，事先应该列一个谈话提纲，这既能确保在拜访中逻辑清晰、条理分明，不遗漏交谈要点，也能够说明拜访具有诚意；如有需要携带的文件，如模特的简历、照片集、模特卡片等，要提前准备妥当，以免匆忙出错或是遗忘；准备体现诚意和用心的小礼品，加上诚恳的态度，能够让对方迅速产生好感，使接下来的谈话可以轻松展开。

3. 提前查询交通路线 城市交通拥堵是常见的现象。所以，要提前查清所去地点的具体交通路线，预计路程消耗时间，并要预留可能堵车的时间。

4. 注意仪表服饰 拜访时形象很重要，能体现拜访者的重视和尊敬程度，所以在拜访前要对自己的仪表做些准备，仪表要端庄文雅、整洁得体，还要注意仪表服饰要与所拜访对象的身份相符合。

拜访必须守时，应该正点出现在约定好的地点。可以提前几分钟到达，进门前检查整理一下仪容。同时，可利用这个时间调整自己的情绪、自信心、微笑的表情。如果因特殊情况不能按时到达，应尽早通知对方讲明原因并致歉，无故迟到或失约是极不礼貌的。

二、拜访的礼仪

1. 入室 无论是到办公室或是寓所拜访，应轻轻叩门或按门铃，敲门应是有节奏、速度和力度适中，听到允许进入的声音或有人开门相让，方可进入，进入后应轻轻把门关上。如果门是开着的，也要轻轻地敲门，获得允许后再进入。入室之前要在踏垫上擦净鞋底再进入。如果初次拜访，进门后应先问候，然后简单自我介绍并递送名片，举止大方，温文尔雅。

入门后，应听从安排。如果随身携带了公文包，应该放在自己的座位旁或脚边，不要直接摆在桌子上。如果戴着手套、帽子、墨镜、围巾，进屋后应摘下。雨天携带了雨伞，进屋后应该用自己的伞套装好，或是询问该放在什么地方。入室后如果房间里有其他人，要亲切友好的打招呼，如果被介绍认识在座的陌生人，要热情地向对方微笑点头致意或握手问好。当主人请坐后，应道谢并按主人安排的座位入座，坐姿要端正自然，既不要过于拘谨，也不要过于随便。主人上茶时，要起身或欠身双手接迎，并热情道谢。

2. 言谈举止 事务性拜访，应在双方交谈前，将手机静音，以免来电打扰到会谈的进行。交谈应开门见山，不要拖沓冗长，或闲聊无关内容浪费时间。交谈中应精神饱满，面含微笑，言词有礼。交谈声音不要太大，以免影响其他人办公。拜访要注意言谈举止，无主人的邀请，不要主动提出参观及触动房内的陈设。到寓所拜访，未经主人相让，不要擅入主人卧室、书房，更不要乱翻物品。交谈时，如有长辈在座，应用心听长者谈话，不要随便插话或打断别人的谈话。

3. 控制时间 事务性拜访时间以不超过半小时为宜，当宾主双方都已经谈完该谈的事情，就要及时起身告辞。在交谈中，如果当被拜访者表现出心不在焉，或着急处理其他事务，或反复看手表时，都要及时结束交谈，礼貌告别。另外，如果在交谈中，有其他人也来拜访时，应尽快谈完所要谈的事情，向主人告辞。对其他来访者，要打招呼或点头微笑示意，以表示对主人或来访者的尊重。

4. 告别 告别是拜访中的重要内容，符合礼仪规范的告别能留给人美好的印象。告别要由拜访者先提出，在告别前应略有铺垫，否则突然告别就会显得唐突失礼。握手道别应是拜访者先伸手。如果是挥手告别应该身体站直，目视对方，右手举至头侧，左右自然挥动。同时要有语言表达，如"再见""珍重"等。如果主人相送，要说"请回""请留步"等。如果主人送至车前，客人上车坐好后要将车窗摇下来与主人告别致意。

思考与练习

1. 请简述握手礼的起源。
2. 请简述致意的方式有哪几种。

3. 请简述递送名片的姿势。

4. 请简述如何进行自我介绍。

5. 请简述使用称谓语的注意事项。

6. 请简述拜访预约的注意事项。

职业礼仪

交谈礼仪

课题名称：交谈礼仪

课题内容： 1. 礼貌用语

2. 交谈主题

3. 提问与回答

4. 怎样倾听

5. 交谈的具体方法

课题时间： 4 课时

教学目的：使学生掌握交谈礼仪的详细内容

教学方式：理论讲解

教学要求：重点掌握交谈礼仪的方法及注意事项

课前准备：提前预习职业礼仪内容

第七章 交谈礼仪

作为一名模特，在日常工作和生活中，免不了要与人交流。恰当的交谈礼仪，往往体现出个人的品位、学识和修养。只有拥有积极健康的生活态度、富有朝气和进取精神、对生活充满热情，才能积极地将自己融入社会、融入生活。交谈应当遵守一定礼仪规范。

第一节 礼貌用语

礼貌用语是一种对他人表示友好和尊敬的语言。使用礼貌语言，是中华民族的优良传统，古训有"君子不失色于人，不失口于人"，意思是有道德的人应该彬彬有礼，注意自己的形象，举止得体，仪表庄重，言语要慎重，不能出言不逊。在人际交往过程中，恰到好处地使用礼貌用语，不仅可以表现出个人的修养，体现出对交往对象的尊重，还可以起到传递信息、表达情感、引起注意、取得信任等作用。礼貌用语要力求"真、善、美"，要说真话，不可虚情假意，欺骗愚弄。礼貌用语的使用要区分对象，因人而异，切忌呆板不变，千篇一律。

一、礼貌用语的分类

1. **问候语** 问候，又称为问好或打招呼，主要适用于人们在公共场所里相见之初时，彼此向对方询问安好，致以敬意，或者表达关切之意。在使用上通常简洁、明了，任何场合，与人见面首先应该使用问候语。同样，在面对他人的问候时，也应给予相应的回复，不可置之不理。与人交往中，常用的问候语主要有"您好""早上好"等。与人初次见面时，通常说"见到您很高兴""很高兴认识您"等。问候语应该含有友好和尊敬的意味。

2. **欢迎语** 欢迎语又称为迎客用语，是在接待来访客人时使用的礼貌用语，如"欢迎您""欢迎光临"等。使用欢迎语时，通常一并使用问候语和见面礼，如点头、微笑、鞠躬、握手等。

3. **致歉语** 致歉语是用于在日常交往中因为某种原因带给他人不便、打扰或给别人增添了麻烦，尤其是当自己失礼、失约、失手时，要及时、主动、真诚地向对方说出表示歉意的语言。常用的致歉语有"抱歉""对不起""请原谅""失敬了"等。致歉语除了当面表达，还可以通过电话、手机信息等其他方式来表达。

4. **致谢语**　致谢语又称为道谢语、感谢语，在人际交往中获得他人帮助、支持、理解时应使用致谢语，意在表达自己的感激之意。致谢语最重要的词汇是"谢谢"，如有必要，在道谢时，还可在其前后加上尊称或人称代词，如"谢谢××先生""谢谢您"等。为了强化感谢之意，可加上具有感情色彩的副词，如"十分感谢""非常感谢"等。

5. **征询语**　征询语是指在交往中，需要征求对方意见及需要时，恰当地使用诸如"您需要我帮忙吗""我可以进来吗""您看这样做可以吗"等语言，会使他人感觉受到尊重。

6. **赞美语**　赞美语是指向他人表示称赞时使用的语言。如"太棒了""真了不起"等。在交往中，要善于发现、欣赏他人的优点长处，并能适时地给予对方真挚的赞美。使用赞美语时，要注意少而精以及恰到好处。在面对他人的赞美时，也应做出积极、恰当的回应，如"谢谢您的鼓励""您谬赞了"等。

7. **请求语**　请求语是指在向他人提出某种请求或具体要求时使用的语言，一般在请人让路、请人帮忙、请求别人照顾时使用。一般要"请"字当先，态度语气要诚恳，不卑不亢。常用的请求语有"请稍候""请教您""请关照""拜托"等。

8. **应答语**　应答语用于回复他人询问或要求，如"是的""好的"；可用于回复他人表示谢意，如"请不必客气""请多多指教"；可用于回复他人表示歉意，如"不要紧""没有关系"等。

9. **拒绝语**　拒绝语是指在人际交往中，对他人提出的问题或要求不能实现时，使用的委婉推脱或拒绝的语言，如"实在对不起，我帮不了您"。

10. **告别语**　告别语是在与人告别时使用的语言，要委婉谦恭，不失真诚，神情友善温和，语言有分寸，如"再见""慢走""一路平安""非常高兴认识您，希望以后多联系。"等。

二、礼貌用语的使用要求

1. **态度真诚**　使用礼貌用语，态度要由衷、真诚。语言是表达内心活动的声音，是人们思想感情的展现，"心有所存，才口有所言"。在语气上表现出尊敬诚挚之意，才能给对方以亲切感、受尊重感，进而拉近彼此之间的距离。社会交往中，礼貌用语的作用是巨大的，一声真挚的"对不起"能够化解剑拔弩张的冲突。

2. **谈吐文雅**　语言的运用因人而异，即使表达同一个意思，在语言上也有美丑之分、文野之别。这就要求自身做到谈吐文雅、谦逊得体，措辞要善用敬语。敬语含有谦虚、尊重的意思，带有敬语的表达使语气委婉不生硬，有助于彼此的交流与沟通。多使用敬语，能体现出一个人的文化素养。在正规的社交场合、公务场合，以及和陌生人打交道的时候，一定要使用敬语。敬语的使用要有针对性，根据不同对象使用不同的敬语。

3. **语言亲切**　首先，使用礼貌用语时应该语音轻柔，语音在语言表意中非常重要，有魅力的声音，更容易传情达意，并给人以美的享受；其次，使用礼貌用语还要注意语调平缓，过高、过重的语调，会显得尖刻、生硬、冷漠；过轻、过低的语调，会显得无精打采、有气无力。所以，说话要尽可能使声音柔和，吐字清楚、语句清晰，要做到以理服人，而不是以声势压人；最后，使用礼貌用语还要注意语速适中，与人交流过程中，语速要因人而异，快慢适中，根据不同的对象灵活掌握，恰到好处地表达；使用礼貌用语还注意体现出相应的情绪和表情，如祝贺别人取得好成绩时，要体现真诚、热情、愉快。去医院探望病人，要体现同情、专注等。

作为一名模特，应该学习恰当地使用礼貌用语，树立良好的意识，培养丰富的个人情感，拥有积极健康的生活态度。只有富有朝气和进取精神、生活充满热情的人，才能积极地将自己融入社会、融入生活。良好的礼貌用语还依赖于丰富的文化修养，具有丰富而广博的知识积累。

第二节　交谈主题

交谈主题是交谈的中心内容，往往体现个人品位、学识、修养和阅历，交谈内容的选择应当遵守一定的方式。首先，应切合语境，即交谈的现场环境，包括时间、地点、目的等。还要注意因人而异，交谈的本质是为了交流与合作，因此要根据对方的性别、年龄、性格、民族、阅历、职业、地位、兴趣等，选择适宜的话题。

一、适宜交谈的主题

1. **既定的主题**　即交谈双方约定好要交谈的内容，如征求办法、讨论问题、研究工作等交谈话题，都属于主题既定的交谈，也是比较正式的交谈。

2. **高雅的主题**　即内容文明、格调高尚的话题。如谈论文学、艺术、哲学、历史、政策国情、社会发展等。要注意主题应是交谈对象有研究、感兴趣的，忌以己之长对人之短，也忌不懂装懂、班门弄斧。

3. **轻松的主题**　即谈论起来令人开心与欢乐的话题。如文艺演出、流行时尚、体育赛事等，这类主题适用于非正式交谈。

4. **擅长的主题**　选择自己擅长的主题，会在交谈中驾轻就熟、得心应手。选择对方所擅长的主题，可以调动对方交谈的积极性。无论是选择哪一方擅长的主题，都不应当涉及另一方一无所知的主题，否则会使交谈气氛尴尬，难以进行。

二、不适宜交谈的主题

在交谈中，尤其是在正式谈话中，有一些话题是不宜涉及的，否则不仅会失礼于人，而且还会有辱斯文。

1. **个人隐私** 现代社会，人们普遍讲究尊重他人的个人隐私。在交谈中，涉及个人隐私的主题，要做到"五不问"：不问收入、年龄、婚否、健康、个人经历。

2. **捉弄对方的主题** 在交谈中，切不可以对交谈对象尖酸刻薄，捉弄挖苦，古语云："与人善言，暖于布帛；伤人之言，深于矛戟。"

3. **非议旁人的主题** 不要在交谈之中传播是非、造谣生事，非议其他不在场的人士。《增广贤文》中有记载"来说是非者，必是是非人"。

4. **违反纪律的主题** 在谈话之中不要交谈违背社会道德、政治纪律的主题，也不要谈及国家秘密与行业秘密。

5. **令人反感的主题** 不要谈及令交谈对象感到反感、不快，容易产生伤感、抵触或者对立情绪的话题，如交谈对象的个人缺陷、伤心往事、厌恶之事等，也不要谈及灾祸、疾病、死亡、挫折、庸俗低级的主题。

第三节 提问与回答

交谈是一种双向性信息交流活动，交谈中离不开提问，提问是引导话题、展开谈话的好方法，精妙的提问可以使自己获得所需要的信息、知识，了解对方的需求，从而达到人与人之间的交流和互助。古人云："来而不往非礼也。"有问就该有答，但不同的回答又会产生不同的效果。无论是问或是答，都要合时宜、得要领、懂礼貌、知进退，才合乎礼仪。

一、如何提问

1. **因人而异** 提问的时候，应该针对不同的对象，采用不同的方式，让回答者在轻松、自在的气氛中畅所欲言。每个人都有自己独特的性格色彩，有人性格外向、热情直率；有人性格内向、寡言少语。对于性格外向的人，可以畅所欲言；对性格内向的人，要善于启发引导，可以从对方喜欢的话题，由浅入深的进行交谈。

2. **掌握时机** 一般来说，当对方正在处理急事时，不宜提琐碎无聊的问题；当对方情绪低落时，不宜提会引起对方不愉快的问题；当对方遇到困难或麻烦，需要单独冷静思考时，最好不要提任何问题。

3. **讲究逻辑** 如果就某一专题性问题去请教别人，可先从浅显、易答的问题问起，或者先从对方熟悉的事问起，然后逐渐由小到大，由易到难提出问题，并注意前后问题的逻辑性。

4.**亲切礼貌**　提问时要面带微笑，保持亲切自然的语气、轻松愉快的气氛。尊重对方，不以生硬的或审问式的语气提问。注意提问内容，不要问对方难于应对或难以启齿的问题，也不要问超出对方知识水平的问题。

二、如何回答

1.**认真听取问题**　交流中的回答要以听清对方的问题为前提，认真听取，既表明专注，使对方有受尊重的感觉，也能了解对方的动机和意图，避免贸然回答，出现错误的回答。

2.**注意回答方式**　回答要考虑选择对方能够理解和接受的语句与表达方式，甚至要考虑音量的大小、语速的快慢，乃至手势，才能使回答取得良好的效果。在交谈中，当不同意对方的观点时，不要直接使用"不"这个具有强烈对抗色彩的字眼，要委婉地进行回答。

3.**语言得当**　回答应该真诚、热情、谦和，达到沟通思想、交流情感、改善关系、发展协作的目的，不要使用带有责难性、讽刺性的让人不愉悦的语言。对于那些难以回答、不便回答或不愿回答的问题，可以礼貌地加以拒绝或将话题引开。

第四节　怎样倾听

一、倾听的重要性

在交谈中，每个人既是述说者，又是倾听者，但倾听往往比述说更重要。倾听是一门艺术，也是交往中尊重他人的表现，是形成良好人际关系的需要。要想真正实现有效的沟通，先要学会倾听。一个会倾听的人，必定有良好的修养。古语云"愚者善说，智者善听。"倾听不仅是接受信息汲取知识的主要渠道，而且是反馈信息的必要前提。

二、倾听的方法

1.**专注**　倾听时应该专心致志，保持饱满的精神状态，注意力要高度集中，努力排除环境及自身因素的干扰，以积极的态度，认真、专注地听对方讲话。另外，还要注意对方说话时的措辞、语气、语调，通过观察对方说话时的表情，判断其态度及意图。尤其是在一些重要问题的沟通上，集中精神，重视信息的重点内容和细节，以便能够准确地掌握信息。认真的倾听有助于增强说话人的信心，使其更加全面、清晰、准确地表达思想，还有利于自己从中获得有用的信息，从而使双方交流取得良好的效果。

2. **反馈**　倾听不止于听，还包括用眼观察，用嘴提问，用脑思考和用心感受，以及理解的语言、手势和面部表情等。因此就需要站在对方的角度，随着谈话者情感和思路的变化而变化。倾听时可以通过微笑、点头称许、上身前倾等体态语，及配合的发声等表示回馈。当然，表情动作应自然坦率，不能故意做作。在别人说话时，要与对方保持适度的目光接触，在最适当的时机，向对方表现出赞美，这些不仅会体现对对方的尊重，也能赢得对方的尊重，从而有利于建立良好的人际关系。

3. **耐心**　交谈的主要目的是沟通思想，联络感情。就一般交谈而言，在对方谈兴正浓时，出于礼貌，应保持耐心，真诚地倾听，不能表现出任何不耐烦、注意力涣散、漫不经心，甚至是反感厌恶的举动和神情。要抱着积极的心态去听，培养自己的涵养。如果对对方的谈话实在不感兴趣，可用改变话题的方法暗示对方，或用提问方式把交谈转移到有意义的话题上。

4. **谦虚**　在倾听时，应该保持虚心聆听的态度。不要在交流时总想表现自己，当别人说到某个自己比较了解的话题时就立即打断别人的话，不顾及他人的想法和见解，只顾及自己一个人发表观点，这都是不尊重人的表现。如果遇到一个自己比较感兴趣或了解较多的话题时，出于对对方的尊重，应保持耐心，让对方把话讲完再表达自己的观点，如果确实需要插话时，应先道歉，并且要使用商量的口气征得对方同意后才能发表自己的见解。

能倾听别人见解的人，必是富有思想、有缜密见地和具有谦虚性格的人。倾听时不要挑对方的毛病，不要当场提出自己的批判性意见，更不要与对方争论。

交谈不是辩论赛，切忌据理力争，不必要的争辩会打乱亲切和谐的交往气氛。如果有需要反驳的观点，应措辞得体，合乎逻辑，语言平和，态度友好，本着切磋问题、达成共鸣的准则，首先对对方予以肯定，再婉转地提出与对方观点不同的见解。

第五节　交谈的具体方法

一、提升语言表达能力

交谈中的表达能力是指一个人正确使用口头语言，准确地表达思想和感情的能力，是一个人综合能力的体现。

1. **表达能力的要求**　明确表达目的，做到简明扼要，抓住内容的核心，主次分明，有条理地组织语言；要分清对象，和不同的对象交流时要运用不同的表达方式；要分清场合和时间，在适宜的时间说合适的话；理由充分，要有足够的证据来佐证自己的话语；

表情适度。

2.**如何提升语言表达能力**　任何的语言表达方式，只有在态度自然、心平气和的情况下，才能够充分表现出来。要想有效地表达信息，就要树立信心，加强心理素质，克服心理障碍。

（1）加强知识积累："言行在于美，不在于多"，拓展知识面，多阅读小说、诗歌、传记类书籍，这些都多练习写作，可以加强知识储备，不仅包括语言，还包括认识、思想和情感方面的积累，有助于增加见识，提高语言表达能力。

（2）加强语言训练：积极参加可以增强语言表达能力的活动，如演讲会、辩论会、讨论会等活动。积极参加社交活动，与人多交流、沟通，多讲多练。表达能力并不是一种天赋的才能，是可以靠训练得来的，要持之以恒，勤于学习，大胆实践。

二、如何与陌生人交谈

与陌生人交谈是模特走入职场、走向社会的必然经历，也是学习社交，锻炼自己，扩大自己视野的一种机会。初次与陌生人交谈，由于双方素不相识，没有相互了解的基础，有些模特会感到无所适从，局促窘迫。然而，掌握了正确的沟通方式，就可以结识更多的朋友，得到更多的发展机会。

1.**如何确定话题**　话题是沟通的媒介和基础。通过一个话题可以开始双方的谈话，也可以从一个话题分散、扩展，从而深入谈话内容。

（1）就地取材：凡是眼前的事物，最容易引起人们的注意，也最容易发展谈话的内容，所以结合所处的环境就地取材来进行开场白，容易使气氛融洽。如"这花园真漂亮啊！"采用赞美的语气，而不是挑剔的态度，是最得体的开始谈话的办法。

（2）寻找共同点：两人初次见面，可以选择一些大家关注的热点事件进行谈论。在讨论中，只要留心对方的举止言谈，就不难从中发现一些明显的共同性，如共同的爱好、职业、状态、朋友等，及时捕捉，就有了共同话题，也就可以消除陌生感、疏离感，彼此轻松自如地交谈了。

（3）兴趣点：从对方熟悉、喜欢和关注的内容引入话题，抓住对方的兴趣点，可以迅速地引发对方的表达欲与亲近感，双方的交往与沟通也就水到渠成了。如果对方比较内向、羞怯，可以先谈些无关紧要的事，让对方心情放松，再从某一话题引起对方的兴趣。

2.**注意事项**

（1）谈吐要有风度，话语尽量引人入胜，不要信口开河。交谈时，神态应自然大方、语气亲切，言辞得体、不卑不亢，才有利于双方平等地交流，并能获得对方的信任和尊重。

（2）说话时不要总是紧紧地盯着对方的眼睛看，这样会给对方造成一种紧张或无所适从的感觉。眼神、语言和身体动作要给对方一种理解、愿意倾听、信任的感觉。

（3）若对方正在讲话，不要打断。当对方结束一个话题时，可以巧妙引出另一个。

（4）交谈中，提问要是开放式的，如"您对这个现象有怎样的看法？"而不是问："您认为这个现象对吗？"不要让对方总是用"是的""对"或"不对"来回答。

（5）尽量避免交谈容易引起争论的问题，选择某个话题时，要注意对方的反应，一旦发现对方反应冷漠或不耐烦，应马上调整话题。

三、赞美与接受赞美

1. 怎样赞美他人

赞美是一种卓有成效的交往艺术，可以使人心情愉悦，让人变得更加自信，还可以激发出对方无穷的动力和创造力，同时，也可以推动友谊健康地发展。

（1）因人而异：人的素质有高低之分，年龄有长幼之别。不同性别、个性、知识层次的人，对赞扬的心理需求有很大的不同。应因人而异，有针对性的赞美。赞美的语言要得体，频率要适度，过于频繁的赞扬不但会降低赞扬的激励作用，而且会让人产生厌烦情绪。

（2）时机恰当：时机往往是事物的连接点和转化的关节点。赞美也一样，只有时机选择恰当才能获得理想效果。对待有努力意向的人加以赞美，就可能使其动机转化为行动。对待身处逆境的人，适时地加以真诚的赞美，便有可能使其振作精神，大展宏图。

（3）态度真诚：赞美别人需要真诚、热情，要善于发现、欣赏别人的优点和长处。赞美是基于事实、发自内心，而不是无根无据、虚情假意。

（4）内容具体：从具体的事件入手，哪怕是微小的长处，适度的予以赞美，赞美内容越具体，越能让对方感受到真挚、亲切和可信。赞美并不一定用语言，有时，赞许的目光、夸奖的手势、友好的微笑也能起到赞美的效果。

2. 怎样接受赞美
赞美是人人都愿意接受的，面对赞美给予得体的反馈，可以建立自己良好的社交形象。

（1）接受：只要对方赞美的内容是实情，就可接受对方的称赞和对方的善意，表现出友好与愉悦。

（2）谦虚：应以谦虚的态度对待别人的赞美，但要把握分寸，过度自谦会给人造成"虚伪"的印象。得体的谦虚，会给别人好感。

（3）致谢：对于任何人的赞美都要表示感谢。另外，成绩的取得往往是多种因素促成的，特别是当与赞美者有一定关系时，就应实事求是地对赞美者致谢。

（4）互赞：面对赞美，以同样真诚的语气给对方以赞扬，也是一种有积极意义的反馈方式。不过应适可而止，不可变成相互吹捧。

总之，接受赞美能体现一个人的修养，作为一名模特，少不了听到许多赞扬之声，平时就要培养自己如何在各种场合应答的技巧，使自己在工作和社交中游刃有余。

四、如何拒绝别人的请求

模特在工作和生活中，往往会得到许多人的关注，也常常会遇到一些请求，当现实情况不允许自己满足对方愿望时，就要学会拒绝。拒绝是一种艺术，也是要讲究礼仪的。拒绝方法不同，产生的效果也不一样。在交际中，善于灵活地运用一些谈话技巧，巧妙地拒绝，既能使自己掌握主动，进退自如，又能使双方摆脱尴尬的困境，同时仍可保持社交中良好的关系。拒绝别人要注意以下内容：

1. **语气委婉** 首先，要对别人的请求洗耳恭听，不要急于表态，倾听能让对方先有被尊重的感觉。听完后，对自己不能答应的事要表示歉意，再说明拒绝的理由。说话要婉转，留有余地，而不是语气强硬地说"不行""没办法"，这既会伤害对方的自尊心，也容易引发矛盾。也可以针对对方的情况，建议如何取得适当的支援。

2. **要顾及对方感受** 一个人有求于别人时，出于自尊，往往都带着惴惴不安的心理。因此，应该尊重对方的愿望，考虑对方的感受，先说关心、理解，让对方听了产生共鸣的话，然后再说明无法接受请求的理由，拒绝的态度要诚恳，不能敷衍了事。也可运用诙谐幽默的语言拒绝，能使对方不因拒绝而产生不悦。

五、如何弥补言行过失

言行过失在模特的人际交往中，是经常会出现的情况。那么，在言行出现过失时，该如何弥补呢？

1. **正视自己的过失** 勇于承担责任，坦率地承认自己的言行错误。人们对犯错误的人都有同情、谅解之心，但对不承认错误的人却难以原谅。不要找借口，也不要采用大事化小，小事化了的态度，敢于正视自己的过错，是一种积极向上、开拓进取的人生态度，能够体现宽广的胸怀，也能赢得他人的信任和尊重。

2. **真诚道歉** 因为自己言行过失而伤害了他人，应该向他人道歉。道歉要真诚，不要归咎于客观原因，做过多的辩解，没有诚意的道歉是不会获得他人的谅解的。即使确有非解释不可的客观原因，也必须在诚恳的道歉之后再略做解释。道歉要及时。发现自己的错误立刻道歉，才能迅速弥补言行过失带来的不良后果。道歉后要及时纠正，"亡羊补牢，未为晚也！"每个人的言行不可能永远正确，出现错误后，及时纠正，才是明智之举。有了过失并不可怕，可怕的是不思悔改、一味坚持错误。

六、如何开玩笑

在人际交往中，适当地开玩笑有助于营造一种轻松、愉快的气氛，也有助于模特之间融洽关系，增进彼此的友谊。但是，任何事情都有一定的限度，开玩笑也不例外，要因人、因时、因环境、因内容而把握开玩笑的尺度。

1. **开玩笑的原则**

（1）玩笑有度：开玩笑要保持得体的礼貌，说话适度、掌握分寸是对一个有修养、有素质的人的基本要求，也是现代交际中处理人际关系不可或缺的重要组成部分。

（2）因人而异：开同样的玩笑，有的人可以接受，有的人难以接受。性格爽朗的人爽快大方，不会轻易计较；内向腼腆的人敏感细腻，就不要轻易开玩笑，尤其是对不熟悉的人。与异性开玩笑，要保持社交距离。开玩笑不能起负面作用，在玩笑中，一旦引起了对方的不快，应该立即停止甚至道歉。

（3）注意场合：不同的场合，要注意开玩笑的分寸，在严肃或气氛沉重的场合不要开玩笑。

2. **开玩笑的注意事项**　开玩笑时，一定要注意内容健康，风趣幽默，情调高雅，并怀有善意，只有善意的玩笑才会给人以温暖，让人心情愉快，甘之如饴。模特之间开玩笑，不能有损对方的形象或伤害对方的自尊，开玩笑不是取笑、嘲笑对方，更不是恶作剧，捉弄他人，不能怀着讥讽的心态，拿对方的短处开玩笑；开玩笑不要低俗，不要动手动脚，也不能带污言秽语；开玩笑不要逼迫人，不要触及对方的底线，也不要触及对方的隐私；不要总拿一个人的一件事重复多次的开玩笑。

七、交谈禁忌

常与人交谈，可以促进模特人际关系并创造发展机会，但交谈有许多讲究，必须注意一些禁忌。

1. **不要好为人师**　交谈中，不要总显得自己知道的比对方多，比对方高明，总想补充或纠正对方的谈话内容。

2. **不要高高在上**　与任何人交谈都不要摆架子，要与人平等，不可高高在上、目中无人。

3. **不要自吹自擂**　不要让强烈的自我表现欲及虚荣心作祟，交谈中不要咬文嚼字、吹嘘卖弄，显得自己与众不同。

4. **不要恶语伤人**　"良言一句三冬暖，恶语伤人六月寒"，在交谈中，不要口不择言、出口伤人。

5. **不要质疑对方**　对别人说的话不随便表示怀疑，即使心里产生疑问，也不要表现出来。质疑对方，实际是对其尊严的挑衅，是一种不理智的行为。

6. **不要言而无信**　不要轻易向别人许诺，一旦许诺，就要言出必行，信守承诺。

7. **不要不懂装懂**　不要担心落后于人，就在一知半解或一无所知的情况下不懂装懂、装腔作势。

8. **不要随意附和别人**　谈话中，不要总是不动脑筋、随意的附和他人，在交流中，尤其是在讨论时，需要表达自己的看法和见解时，要有独立的思想，表现出自己独特的看法。

思考与练习

1. 握手礼仪的起源是什么?
2. 行礼的方式有哪几种?
3. 请简述递送名片的注意事项。
4. 请简述使用称谓语的注意事项。
5. 请简述礼貌用语的使用要求。
6. 请简述如何弥补言行过失。

职业礼仪

工作礼仪

课题名称： 工作礼仪

课题内容： 1. 接打电话礼仪

2. 收发传真、书信、电子邮件礼仪

3. 网络礼仪

4. 演出交往礼仪

5. 面试礼仪

6. 试装礼仪

7. 排练礼仪

8. 演出礼仪

9. 拍摄礼仪

10. 参赛礼仪

11. 接受采访礼仪

课题时间： 10 课时

教学目的： 使学生掌握与演出工作相关礼仪的详细内容

教学方式： 理论讲解

教学要求： 重点掌握工作礼仪各项内容的注意事项

课前准备： 提前预习职业礼仪内容

第八章 工作礼仪

作为一名模特，要想在事业上取得成功，除了不断提高自身的专业素质，也要具有良好的个人修养，在工作中尊重他人，与他人保持相互团结、密切合作的健康关系。重视礼仪体现，才能从根本上促进和发展自身的综合素质，更好地适应职业环境。

第一节 接打电话礼仪

电话传递信息迅速、使用方便、效率高，早已成为现代人通讯的主要工具。要想做个称职的模特，掌握电话礼仪是十分必要的。

一、接电话礼仪

及时接听电话是一项基本的礼仪。随着工作和生活节奏越来越快，接听电话是否及时，反映了一个模特待人接物的真实态度和职业素养。因此，电话铃一响，应立刻停止自己正在做的事情，迅速地拿起电话。但及时接听电话也要掌握尺度，不能操之过急，应当在电话第一声铃音结束之后再接听，否则会让对方反应不过来，甚至不知所措。

接起电话后，要先主动、礼貌的介绍"您好，我是某某"。不要接起电话就说"喂"，也不宜质问"你是谁""你找谁""你有什么事"之类的内容。如果接起电话，发现是对方拨错了电话号码，切勿责备对方，如果方便时，不妨告诉对方所要找的正确号码或予以其他帮助。

如果正在处理紧急事务，期间有人打来电话，而此刻的确不宜与其深谈，可向其略说明原因，表示歉意，并再约一个具体时间并主动打电话。在下次通话时，要再次向对方致以歉意。如果通话因故暂时中断，要等候对方再打过来，电话重新接通后，不要为此而责怪对方，而是让谈话正常、自然的进行下去。

接到与工作有关的电话，如接到一场面试通知，要将来电的重要内容、重要信息等详细地记录下来，还要将打电话人姓名、单位、电话号码记录下来，以便在之后的工作中随时备忘。最好将主要内容向对方复述一遍，力求内容准确完整，以免误事。

二、打电话礼仪

打电话要注意时间，如果是与他人约好了通话时间，就应当准时致电。如果不是紧急事件，工作电话要在工作时间打。如果是跨国电话，应注意各个国家和地区的时间差。

拨打电话时，要沉得住气，耐心等待对方接电话。一般而言，至少等铃声响过6遍，确信对方无人接听后方可挂断电话。如果对方电话因占线而无法接通，可暂且放下电话，稍候再继续拨打，切不可反复重拨。

电话接通后，要先问候说"您好"，然后主动介绍自己，切忌对着电话连呼"喂、喂"，或者直接发问"你是某某吗"，这是非常不礼貌的。如果要找的人不在，需要接听者代找或代为转告、留言，别忘了道谢。如果拨打电话时，不小心拨错电话了，应诚恳地向对方道歉，不要一声不响地挂断电话。

通话时，吐字要清晰，语速和音量要适中。要做到主题明确，言简意赅，主次分明，详略得当。还要注意控制时间，不能占用对方太多的时间，要少说各种空话、套话，在礼貌地问候对方后，直接切入要沟通的主题，尽量在最短的时间内表达清楚意图。统计表明，80%的工作电话都是在3分钟之内完成的，也就是说，在一般情况下，打工作电话应控制在3分钟以内，把事情讲清楚。如果确实无法在3分钟内完成通话，也要礼貌地征求对方的意见，得到对方的允许后，延长通话时间，并在挂电话时表示自己的歉意。倘若对方正忙，无暇长谈，就另约时间。

在电话交谈过程中，一个人的语气、语调可以体现出情绪状态。所以打电话前应调整好情绪，切忌急躁、焦虑或带有消极情绪，要保持轻松、友善的态度，最好是面带微笑，因为对方是可以感觉到的，这也是具备较高层次的个人修养和职业素养的表现。

如果打电话要讲的事情比较多，或者问题比较复杂，最好准备一份通话提纲，排列出讲述问题的先后次序，就不会疏忽遗漏事项。条理清晰而简明扼要地把问题阐述清楚，会给人留下逻辑清晰、精明干练的好印象。拨打电话之前除了要考虑自己该说什么，还要考虑到对方会说什么，要设想对方在接到电话后会有什么反应，会提出什么问题，自己应当如何回应。如果涉及谈判内容，更要进行精心的准备，除了做好通话提纲，还要把谈判的相关资料都放在电话旁，以便随时根据谈判的实际需要，即刻查阅。如果可能涉及数据的计算，就需要提前准备好计算器。准备充分，就不会措手不及或者手忙脚乱了。

电话交流结束以后，应当由打电话的一方主动告别并挂断。如果对方是长辈、上级，应等对方挂掉电话以后，再将话筒放下。在挂电话的时候，一定要轻放话筒。

三、接打电话注意事项

（1）接打电话前，应准备好笔和本，方便记录重要事务和电话号码。最好在固定地方常备笔和本，以免在需要使用时，仓促找寻。

（2）接打电话时口齿要清晰，不能表现随便，如喝水、打哈欠、吃东西，都是很失礼的行为，在通电话过程中如果突然咳嗽或要打喷嚏，应掩住话筒，把头侧转，尽量远离话筒。

（3）在通话过程中，要专心倾听，使用文明性语言，彬彬有礼、热情大方。不要心不在焉，也不要一心二用，一边通电话，一边办其他事或与身旁人谈话等，这既不礼貌，显得怠慢和不尊重对方，也容易忽略对方所谈的内容。

（4）通电话中，如果讲述人名、地名、数字或重要内容，应放慢语速，最好再重复一遍，方便对方记录。

（5）通电话时，声音要温雅有礼，嘴巴与话筒之间要保持适当的距离，适度控制音量，不要过大也不要过小。声音过大，会给对方一种盛气凌人的感觉；过小，对方听不清楚所说的内容。

（6）通电话时要注意身体姿势，如果坐姿端正，身体挺直，在电话中所发出的声音往往会亲切悦耳，充满活力。而如果姿态慵懒，往往会不自觉地发出懒散的声音。

第二节　收发传真、书信、电子邮件礼仪

传真、书信、电子邮件，都是模特在工作中进行远程沟通交流的重要方式，在使用中要注意相应的礼仪。

一、收发传真礼仪

传真机是远程发送和接受文件、资料、书信、图表、图片的重要工具，因方便快捷，在模特工作中使用较多，传真机使用有其独特的规则及礼仪。

1.**发传真**　为确保有效地传递信息，必须掌握接收方正确的传真号码。出于礼貌和安全，应于发出传真之前，提前与收件人取得联系，向对方通报并核对传真号码，为使对方能够完整地接收到资料，还要在电话中告诉对方自己所发传真共有几页，避免对方因纸张不足，文件不能全部接收，错过重要的资讯。未经别人允许时不要发传真，否则既会浪费别人的纸张，占用别人的线路，也可能因对方不知晓的情况下，漏失接收。

书写传真件时在语气和行文风格上应做到清楚、简洁，且有礼貌。发工作传真，要写清收件人姓名、所在部门传真号、电话号码，以及发件人姓名、所在单位、传真号、电话号码、总页数等基本内容，便于对方接收和核实。正式的传真须有首页，即封面。发完传真后要及时与对方进行确认。未经对方许可，不应传送太长的文件或保密性强的材料。

发传真件最好是发送原件，避免模糊不清。发急件时应在首页注明，否则容易被耽误。发件人应在传真件传送完毕后与收件人确认对方是否已经收到。

2. **收传真**　接收传真前要注意检查传真纸是否足够使用，收到传真后，要检查传真页是否清晰，页数是否连续并齐全，不清楚的页可以要求对方重新传一下。对于接收到的传真件，要及时处理，需要办理或转交、转送的传真，千万不可拖延时间，以免耽误要事。在收到他人传真后，应在第一时间回复发件方。传真机有自动接收和手动接收两种方式。手动接收需接听传真的人给开始的信号后再开始传真文档。

二、书信礼仪

书信是人际交往中最传统的一种沟通方式，是一种向特定对象传递信息、商定事宜、研究问题、交流思想及联络感情的应用文书。随着现代电信工具的日益丰富，人们选择书信沟通的比例大幅度降低，但是书信与电信相比，会显得更加郑重，所以，书信的作用不能完全被电信替代。模特在做自我推荐时，如果采用书信的方式，会更让对方印象深刻。书信的历史悠久，格式和要求，早已形成相应的礼仪规则。

1. **书信的构成**　书信由笺文及封文两部分构成。

笺文即写在信笺上的文字，是书信的主体部分，一般由称谓、问候、正文、祝敬辞、署名、日期、附言等部分组成。书信的繁简、俗雅等各方面的风格特征，几乎都由内容主体决定。

封文即写在信封上的文字，也就是收信人的地址、邮政编码、姓名和寄信人的地址、邮政编码等。封文写作的目的是为了便于邮递。完整的书信应该是笺文、封文俱全，将笺文折叠后装入写好封文的信封内，然后将口封好寄出。

2. **书信的格式**

（1）称谓：也称为"起首语"，是对收信人的称谓，应当符合对方的身份。称谓在信纸第一行顶格写，后加冒号"："，其后不再写字。称谓和署名要对应，明确自己和收信人的关系。

（2）问候：是写信人对收信人的礼貌，可以表达写信人对收信人的关心。问候语写在称谓下一行，自成一段。问候语既要热情友好，又要符合收信人的年龄、身份和实际情况。

（3）正文：正文是信笺的主要部分，应紧接在问候语的下一段，正文可以是叙事抒情，也可以是辞谢、致贺、答复、请托等。内容应条理清楚、层次分明，字迹要清楚可辨。

（4）祝敬辞：是对收信人所表达的美好祝愿或敬意，是对收信人的一种礼貌，一般写在正文的下一行。

（5）署名和日期：在书信最后一行，署上写信人的姓名。署名应写在正文结尾后的右方半空行的地方。日期用以注明写完信的时间，写在署名之后或下一行。

（6）附言：附言是在全信写完之后，发现有需要补充的内容而另加上去的部分，内容尽量简短。

三、电子邮件礼仪

电子邮件（E-mail）是利用计算机互联网络，进行收发的一种电子信件。随着互联网的发展，电子邮件因其方便快捷、通信信息量大、费用低廉，已成为一种重要的通信方式，尤其是在国际通信交流和大信息量信息交流方面更是优势明显。模特工作中经常需要通过电子邮件传送照片、文件，对待电子邮件，应像对待其他通联工具一样讲究礼仪。大致来说，电子邮件的礼仪体现在书写邮件、发送邮件和接收邮件三个方面。

1. 书写邮件

（1）主题鲜明：电子邮件的主题应简短、鲜明，具有高辨识度，如果邮箱使用名称和发件人真实姓名不符时，发件人应在主题一栏填写自己的真实姓名和邮件内容关键词，使收件人对电子邮件一目了然，不会误认为是垃圾邮件。

（2）内容简明：邮件开头应有恰当的称谓、问候。如果是工作信函，要有正式的称谓，还要包括自己的姓名、单位名称、联络方式。电子邮件不需要像实物信件那样冗长，语言简单扼要，避免长篇大论，现成的文件如 Word、Excel、Pdf，或传发照片，可通过添加附件的方式直接发出，便于收件人阅读和保持原文件信息、格式不变。

2. 发送邮件　电子邮件的发送最好不要将正文栏空白而只发送附件，否则会不礼貌，还容易被收件人当作垃圾邮件处理掉。重要的电子邮件可以发送两次，以确保发送成功。发邮件前尽量得到对方的允许，发送完毕后，可通过电话等询问对方是否收到邮件。发送前务必要用杀毒软件杀毒，以免不小心把有毒信件传送给对方。邮件发送前要检查，看有没有文法错误或错别字，以及字体、字号的统一。尤其是写给客户的邮件，更要特别注意。

3. 接收电子邮件　收到他人发来的邮件后，应尽快回复来信，如果暂时没有时间，就先简短告诉对方自己已经收到邮件，有时间会详细回复。此外，要注意定期及时清理邮件收件箱、发件箱、回收箱，并及时将一些重要的电子邮件地址记录并保存。

第三节　网络礼仪

互联网络是一个内容繁杂、覆盖面广的信息共享平台，模特可以通过网络浏览时尚信息、查阅和下载资料，也利用互联网进行自我宣传和人际交往。互联网络的虚拟性使得道德和礼仪规范的约束作用明显降低。但是，互联网络并不完全是虚拟世界，而是现实世界的另一种载体或是延伸，所以需要模特养成网络礼仪的自律习惯。

一、使用网络的基本礼仪

网络世界聚集了四面八方的人，在信息量剧增、交往者众多的情况下，网络交流显现出纷繁复杂的局面，存在着各种不确定因素。网络礼仪也称网络规则，是网络行为文明程度的标志和尺度，也用于保障人们网络交往的有序进行。随着依靠网络使用人数的增长，遵守网络交往的基本规范，保持良好网络礼仪就显得非常重要了。使用网络，应认识到传统的通信道德礼仪完全适用于现代的网络世界。

1. **文明交往**　网络是学习和交流经验的场所，是分享知识、乐趣，以及自我传播的平台。在网上产生争论是正常的现象，有分歧也是正常的，但要记住争论是为了寻求统一，要以理服人，不可出言不逊或进行人身攻击，对他人要予以应有的尊重。宽容是一种美德，在网络交往中，出现摩擦，要宽容对待；不要发表污秽的言论、不发表过于长篇的言论；不可利用网络伤害他人，不要恶意评论别人的形象、能力、宗教信仰、生活习惯等，要记住当面不会说的话在网上也不要说；在网络上，要同日常人际交往一样礼貌，对不同身份和年龄的人有不同的打招呼方式和礼节；对初相识的人要保持适度距离和分寸，做到相互尊重、相敬如宾。

2. **自我管理**　要有意识地维护自我形象，不在网络上发布低级庸俗的内容；尊重他人的隐私，不可窥探他人的网络文件，不要把了解或是打听到的他人秘密、私人事宜未经同意进行公开；如果不小心看到别人电脑上的电子邮件或秘密，不应该到处传播。

使用网络，要采取计算机病毒防范措施，如果收到一些恶意的骚扰，可与管理人员联系，不要因一时的气愤，采取报复手段。

3. **遵纪守法**　不要在网上从事违法犯罪活动。不要在互联网传播谣言及危害国家民族利益的信息，不能发布虚假消息或泄露国家机密；不要违法违规经营，不进行网络诈骗；不侮辱诽谤他人、不参与网络色情游戏、赌博等活动；要尊重他人的网上著作权，不要有网络抄袭、剽窃、盗版等侵权行为；不要参与攻击网站网页和制造、传播网络病毒等有碍网络系统的活动；不可干扰网络的正常运行。

二、使用网络的注意事项

1. **加强自我保护意识**　在网络上要有自我保护意识，不要在公共网络随意公开个人信息，包括自己的电子邮箱、家庭住址、电话号码等，以免被坏人利用。对于他人的个人信息，更要注意保密，以免给他人带来伤害。

2. **不轻信**　在虚拟网络中，不要轻信陌生人，有些人的个人信息，如姓名、地址、性别、年龄都不真实，不要轻易相信和约见网友，避免被不法之徒利用，伤害感情和骗取钱财。

3. **加强自我控制**　网络的信息量大、覆盖面广，要适度的控制自己，不要影响学习、工作，甚至影响正常的生活。正确把握上网的时间，适度上网，合理地安排好上网时间，不要长时间沉迷在网络中。网络上存在一些虚假、低级庸俗的内容，应提高鉴别的能力，自觉不涉足不良网站，不浏览不良内容。

第四节　演出交往礼仪

模特在演出工作期间，要与其他模特、设计师、编导、摄影师、化妆师等共同配合工作，应保持相互团结、亲密合作的健康关系。在与其他人员交往时处处需要体现良好的礼仪，这不仅是职业要求，也是个人综合素养的一种体现。

一、演出交往礼仪的具体内容

1. **尊重他人**　人与人之间的交流，都应建立在真诚与尊重的基础上。尊重他人不仅是一种态度，更是一种修养和美德。每个人都渴望被尊重，但唯有尊重他人，才能赢得他人对自己的尊重，也才能处理好各种人际关系，包括工作关系。

尊重他人，就是尊重其立场、观点、人格，以及生活习惯和处世方式，要懂得"己所不欲，勿施于人"。在与人交往中，不可勉强让他人接受自己的观点，多尊重对方意见和建议，言谈中尽量减少使用带有"绝对肯定"的态度强烈的词语；要尊重对方劳动，相信其劳动是有价值的。

2. **团结合作**　在现代社会中，作为一名模特，要想在事业上取得成功，就要提倡团结合作、密切配合的团队精神。一场演出往往需要多方的分工协作才能提高效率，实现共同的工作目标。所以，工作成员之间应该互相信赖、同心协力、互相支持，形成良好的工作氛围。自己的工作要尽职尽责，需要协助要与他人商量，不可强求；当他人请求帮助时，则应尽己所能，真诚相助。

3. **避免矛盾**　在工作中，与人相处要亲和有礼，以诚相待，才能使关系融洽和谐。在交往中，为避免产生矛盾，要注意以下事项：

当与他人在工作上产生分歧时，要以工作为重，努力寻找共同点，争取求大同存小异，不要过分争辩谁是谁非，否则容易激化矛盾。如果是自己在工作中出现失误，应主动向他人道歉，征得谅解。如果是他人的原因产生误会冲突，要学会体谅，立足工作，容人之过；要避免对别人开恶意玩笑、寻衅滋事、造谣中伤等无礼行为，不在背后议论他人的隐私，损害他人的名誉，这不仅容易引起双方关系的紧张甚至恶化，也是一种不光彩的、有失个人品德的行为；工作中虚心听取他人的意见，如果出现误会，应主动向对方解释说明；不搞小集体，尤其是在模特之间，即使关系有疏密之分，也不要将亲密关系在集体里张扬；不推卸责任，自己的职责要明确，出现问题要主动承担该承担的责任，不要诿过他人；工作中，向他人借钱和借用物品，要及时归还，金额或价值比较大时，要主动写借条，如果不能及时归还，必须向对方说明情况，以免降低自己的可信度、影响彼此的关系；不把私人情绪、情感、好恶带到工作中；与他人产生利益冲突时，不要为争取自己的利益，斤斤计较，应体现大度，才能赢得更多信任和尊重；对待其他模特的成绩，不要嫉妒，应保持一颗平常心，同时努力提升自己的能力。

二、如何在工作中获得友情

由于模特职场中存在竞争，一些模特认为很难与其他模特成为朋友，但实际上，只要掌握了与人相处的礼仪，真诚地对待别人，产生友情并不是一件难事。

1. **亲切**　亲切的作用不可估量，可以瞬间拉近人与人的距离。亲切的微笑是有效的"通行证"，可让一个人在寻求帮助时顺畅通达。

2. **关心**　热忱真诚的关心能够传递友好，赢得他人的信任，使关系更加融洽。在工作或生活上要给予他人关心，关心等同于重视。所以，在工作伙伴遇到困难时，不要吝惜关心与安慰，应适时并适当地伸出援手，力所能及地予以支持。

3. **交流**　经常与人交流，可以增进彼此的感情，提高亲密程度。但要注意，不要涉及工作保密内容及其他人隐私；不要在背后议论他人是非、挑拨他人关系；不要大量倾诉与抱怨自己的苦衷和委屈；不要传播小道消息。可以多交流共同感兴趣的话题。

第五节　面试礼仪

面试是服装设计师、编导、摄影师等在演出制作或拍摄前选拔模特的主要方式，通过面试考察模特的形体、形象、表现力等专业素质，在考察中也往往会观察模特的仪态举止、着装打扮、表达能力、应变能力等内在涵养和综合素质，具有很大的灵活性和综合性。模特要认真对待面试过程中的每一个环节和细节，做到规范有礼，才能获得好的面试结果，为自己在职场中顺利发展奠定基础。

一、面试前的准备

面试前要做好充分的准备，了解相关信息、做好心理准备、资料准备和个人形象准备。

1. **了解面试品牌**　面试前，模特要了解清楚面试的品牌名称、活动性质和背景。可以通过网络渠道查阅品牌信息及产品风格，最好能查阅以往发布会内容，了解该品牌以往使用的模特类型，以及对模特展示风格的要求，帮助自己做相应的准备。切不可盲目地参加面试，否则，很可能既浪费时间和精力，又没有得到演出的机会。

2. **面试装扮**　衣着仪表是一个人内在素养的外在表现，得体的装扮不仅体现了模特的精神面貌，也可以反映出模特的工作态度及个人修养，得体的装扮还能够增加自己面试通过的概率。因此，在面试前一定要注意自己的着装打扮，做到得体、整洁、大方、时尚。除了这些，要根据面试品牌风格特点准备自己当天的面试服装与面试妆容，这会使面试的成功率更高，例如，面试品牌是运动风格，最好也穿着运动装面试，在展现时要显得动感活力。面试着装，切记不能露出其他品牌的标识，尤其是与面试品牌有激烈竞争关系的品牌服饰。

面试服装要简洁、合体，方便选拔人员直观地看清楚模特形体比例等情况。服装要适合模特本人，做到扬长避短，既凸显自身优势，又能掩盖形体不足。整体造型搭配要体现自己的形象、气质，显示出较高的审美水平、时尚品位和与众不同，才能够使自己在众多的模特中脱颖而出。为了达到这一点，平时可以多看时尚期刊及优秀模特的造型图片，久而久之就会提升自己的审美品位，提高自己服装搭配的能力。

模特在面试时可适当化淡妆，使肤色均匀干净，人显得更加精神。妆容要清新自然、不露痕迹。可适当强调自己的个性特点，但一定不可浓妆艳抹。面试时还要注意，不要梳怪异的发型，也不要把头发染成鲜艳的颜色。无论头发长短，一定干净、整洁。另外还要注意，面试时不宜涂抹鲜亮颜色的指甲油、不要戴夸张的饰品，这些都会影响选拔人员的判断和选择。

3. 做好心理准备　面试前应该调整好状态，要对自己有一个清醒的、客观的认识和评价，确定自己的专业能力、水平是否具备，是否能够适合该面试的需求，与其他的模特相比自己有没有优势，优势在哪里，如何在面试过程中突出和强化这些优势，让自己在面试中能够脱颖而出。只有做到心中有数，方能临阵不慌，让自己自信、沉着地应对面试。

对面试时可能会遇到的问题，在面试前可以先做预想，并想好怎么回答或解决。另外，在面试前可以将面试过程模拟、预演几遍，这种训练方式可以帮助模特在面试时尽快进入状态，增强自信，将自己的专业水平及素质充分地发挥和表现出来。

4. 备齐资料　模特卡片、照片图集，以及个人从业经历等内容是去面试前要准备的，这些资料用文件夹装好，排列整齐，会给人留下有条不紊的好印象。

5. 提前计划出行方式　模特在接到面试通知后，首先要确定自己从出发地到达面试地所需要的时间，提前查阅地图了解行车线路，计划好出行时间。还要防止路上可能出现的各种突发情况，如道路拥堵，所以应预留出充分的时间，出行可以尽量选择乘坐地铁，以确保按时到达面试地点。除了面试，模特参加其他相关工作，如试衣、排练、演出等，也要按此方式，提前计划出行。

二、面试时的礼仪

1. 按时到场　参加面试，一定要守时，千万不要迟到。如果一位模特经常不守时，在工作中常常迟到，久而久之便会失去经纪公司与合作方的信任，守时是模特职业道德的基本要求。迟到或是匆匆忙忙赶到，不但会影响自身的形象，还会被视为缺乏自我管理和约束能力，即缺乏职业能力，给人留下非常不好的印象。如果遇到了特殊情况不能按时到达，一定要及时告诉组织面试的负责人员，向对方说明情况和原因，并真诚致歉。

　　面试最好提前20分钟到达，可以做一些准备工作，如更换面试服、高跟鞋、检查妆容等。还可利用提前到达的时间熟悉面试环境，调整好状态，缓解紧张情绪，稳定心神。

　　2. **安静等候**　　等候面试时，千万不要因为太过好奇或兴奋而走来走去、东张西望，会显得很不沉稳。在没有被通知进入面试现场之前，一定不要擅自入场。不要与其他人高谈阔论或是大声打电话，应该积极配合组织者的安排，安静地等候，做好准备，以便入场后能有良好的状态。在进入面试现场之前，要先把手机关机或调成静音。

　　经验不足的模特在等候面试时容易产生紧张、焦虑的情绪，应该及时调节克服，可以听一些让自己放松的音乐，或者做意念放松练习等，都能适当地平缓情绪。

　　3. **入场面试**　　模特面试，一般会按照要求，身上佩戴号码牌。进场之前，检查一下自己身上的号码牌位置是否符合要求，以及号码是否正向朝外，避免选拔人员看不到。在进入面试现场后，要按照组织者设定好的路线、位置，进行行走和展示。展示结束后，选拔人员有可能会提问题或拍照，这时要站定在距离选拔人员远近适度的位置。一般根据现场的大小，以2~3米的距离为宜。距离太近，会给选拔人员压抑的感觉；距离太远，又会影响交流、面试的效果。站定后，面带微笑，主动说"您好"这样的问候用语，不要呆呆地站在那里，面无表情，也不要过于严肃或过于畏缩。目光自然，始终聚焦在选拔人员身上，展现出大方得体及对对方的尊重。不要左顾右盼、眼神躲闪，也不要直勾勾地盯着对方看，如果有多位选拔人员同时在场，眼神应照顾所有的人，让所有人感受到被尊重。

　　4. **自我介绍**　　有时选拔人员会要求模特做自我介绍，自我介绍也是充分展示自我的机会。在进行介绍时，不要毫无头绪，要有重点，要表达的内容包括：①自己基本情况介绍，如姓名、所在经纪公司或学校、哪里人；②性格特点或爱好特长；③表示感谢。注意自我评价要客观、实事求是。口齿清晰，语速适中，说话要有条理，语言简练，意思明确。注意时间的把握，尽量用简明的语言来描述，重点突出，切忌长篇大论。

　　5. **回答问题**　　回答问题时，要保持镇定。在面试现场，可能随时会面对意料之外的事情，比如选拔人员漫不经心或态度傲慢，或者提出的问题是自己之前没有想到的，也可能是看起来和面试毫无关联的问题，碰到这些意外情况，要稳定心态，随机应变。对于某些自己不知道的问题，要知之为知之，不知为不知，不要胡编乱造，诚恳坦率地承认自己的不足，反倒会赢得信任和好感。如果被问到自己不愿回答的问题时，不要表现得不耐烦，要保持自己应有的风度。

　　6. **注意动作举止**　　面试中的一举一动都体现和反映模特的修养和职业素质，任何一个不得体的动作都可能会影响面试。在站立时，不要有气无力、歪歪斜斜，也不要身体不停晃动，给人以懒散、涣散的印象。保持挺拔自信的状态、良好的站姿。在站立时，女模特可以采用标准站姿、丁字步站姿或者V型站姿，男模特可以采用标准站姿或分腿站姿。如果需要递送资料给选拔人员，不要单手递给对方，而要用双手递奉，将资料封面朝上、文字或图片正向朝着对方，这样的方式会显得更礼貌、更周到。

面试过程中，要避免过多的小动作。有人喜欢边说话边抠手指、撩头发、摸鼻子等等，这些频繁地小动作会显得紧张、焦虑，感觉不够稳重。

三、面试后

面试结束后，不要忘记向选拔人员、组织人员表示感谢，一个有修养、有礼貌的模特，无论出现在哪里，都是受欢迎的。

面试如果没被选中，也不要沮丧，因为每场演出选择的模特风格不尽相同，面试落选或许是因为自己的风格特征与选拔人员的需求不相同，不要因为少数面试的失败就妄自菲薄。另外，要善于总结，每次面试后应该总结自己的面试情况，分析成功和失败的原因。还要做工作阶段性总结分析，如多场面试后，总结有哪些面试成功，有哪些面试失败，之间是否有关联性。也可以在工作结束后，请教经纪人或指导老师，沟通自己的不足和改正方法，这些都有助于在今后做出调整，少走弯路，快速进步成长。

第六节　试装礼仪

模特通过面试后就会进入演出工作中的试衣环节。模特试衣，就是试穿演出即将展示的服装。设计师、编导或搭配师会把不同风格、尺码的服装，分配给形体形象、气质风格对应的模特。

一、试衣前的准备

1. **着装准备**　模特在参加试衣时，尽量不要穿着款式、风格复杂或色彩丰富的服装，以免影响设计师、编导或搭配师分配服装时的判断，服装还要方便穿脱。另外，参加试衣工作，模特应该穿着肤色、无勒痕的内衣，这是为了保障参演服装的穿着效果，如果是深色或有图案的内衣，在穿着浅色或质地较为轻薄的服装时，会透出颜色或花色，显得不雅；内衣有勒痕，穿着演出服装的外形轮廓和着装效果就会受到影响。如果参演服装是内衣或泳装时，模特还应该自备胸贴与丁字内裤。

2. **自备物品**　有些试衣工作会要求模特携带一些个人物品，如牛仔裤、高跟鞋、运动鞋等。要提前备好这些物品，并保证清洁，不要有严重磨损或折痕，因为演出时往往会穿上舞台。

3. **不要戴首饰**　模特试衣前，应该摘下自己所有的首饰：一方面，自己的首饰会影响演出服饰的整体效果，另一方面也避免首饰刮坏演出服装，同时也避免在试衣时不慎丢失。模特在演出相关工作中，包括排练和演出，都不应该佩戴个人首饰，这也是模特职业素养的体现。

4. 不涂彩色指甲油　模特试衣前，应该确保指甲干净整齐，不要涂彩色指甲油，不要留长指甲，也要确保指甲整齐光滑，以免刮伤服装。同样，在排练和演出中，也有此要求。

5. 清洁身体　模特试衣前，应洗澡并洗头发，确保身体的清洁，以免将汗渍等蹭到演出服装上。不要喷洒香水，以免将香水味道沾到演出服装上，在排练和演出时也应注意。

6. 妆发　模特试衣前，可以稍化淡妆，既可以使自己精神状态饱满，也是对工作的尊重。另外，试衣环节往往会拍摄照片，用于制作演出脚本等，化淡妆也可以使拍摄出来的照片效果更好。为便于换衣，头发应梳成马尾或盘起来。

二、试衣时的礼仪

1. 不挑选服装　设计师、编导或搭配师会结合每件服装的风格特点来为模特分配服装，模特应该服从安排，不能根据自己的喜好挑选服装。即使并不喜欢被分配的服装，也不该有任何抱怨或不满情绪表现出来。另外，一场演出中每位模特穿着的服装套数并不一定相同，不要因为分配给自己的服装多或少而有任何抱怨。在试衣中，如果服装穿着的确存在问题，如服装尺码不合适，要告知设计师。如果因模特自身形体不足的原因影响了着装效果，如自己的小腿非常粗，可是偏偏分到一条七分裤，可以及时与设计师进行沟通，商议调换。

2. 爱惜服装　每一件服装，都是经过设计师从画图稿到打板，再到样衣制作，之后还要经过多次修改，才形成设计作品。可以说，每一件服装都汇集了设计师的心血，模特一定要细心爱护，对于服装的款式、风格等设计，不要妄加评论，珍惜设计作品本身也是尊重设计师的体现，同时也是个人职业素养的体现。一定不要在试衣的过程中随意将服装乱丢、乱放，穿脱时动作也一定要轻柔，不要大力拉扯。还要注意的是，穿脱服装时，一定不要把化妆品等蹭到服装上，尤其是套头服装，应该先戴上隔离妆容的头套。

3. 尊重他人　在试衣过程中，模特应该尊重每一位工作人员，不能傲慢无礼，这一点也包括排练、化妆、演出等工作内容。应该对所有人员一视同仁，体现真诚的尊重。不要理所当然地认为穿衣助理是在为自己服务，因而颐指气使。穿衣过程中，如果服装存在任何问题，如拉链坏了、扣子掉了等，应该及时告知穿衣助理，并礼貌沟通。

4. 耐心配合　为使每一件服装穿着搭配达到最好的效果，试衣过程中，设计师会不断进行调整，有时会消耗大量时间，可能会超过模特预期的时间。还有时设计师会要求模特调换已经试过的服装，这时就需要模特表现出良好的修养，保持积极热情的态度，耐心细致的配合，而不是流露出不耐烦，甚至是不愿配合的抵触情绪、懒散态度。设计师、编导一定会对个人修养较高、职业素质过硬的模特留下良好印象，并乐于在今后的演出工作中能再度合作。

5.保护设计作品创作隐私　在试衣过程中，有些模特会穿着设计作品拍照留作纪念，但首先要注意不能影响正常工作，更不要在正式演出前，将照片发布到网络上，尤其是在参演新作品发布会的时候，设计作品提前泄露，设计创意就有可能会被窃取，保守商业机密也是对模特职业素养的要求。如果设计师要求模特不准拍照，模特应服从要求。

试衣结束后，模特应配合穿衣助理整理好所有服饰，检查好自己的所有物品，不要遗落，然后向所有工作人员表示感谢并礼貌告别。

第七节　排练礼仪

服装表演排练，就是通过模特、服装、音乐、灯光、舞台效果等实现编导创作构思的过程。

一、排练前的准备

1.准备着装和物品

（1）模特参加排练前，应尽量穿着宽松、易穿脱的服装，服装要整洁，不能邋遢。排练穿的鞋也要便于穿脱，但不能为了方便而穿拖鞋。

（2）经过试衣，模特对自己将要展示的服装已有了解，如需要准备肤色、无勒痕的内衣或胸贴、丁字内裤等，以及需要模特自备的如牛仔裤、高跟鞋、运动鞋等，要提前准备好，并保证清洁。

（3）准备创可贴。排练时，模特经常要穿设计师提供的鞋，有些新鞋皮质较硬，也有些鞋尺码不适合自己，穿起来会磨脚，所以，提前在磨脚部位贴上创可贴，可预防受伤。另外，模特也要养成护理脚的习惯，经常按摩、擦护理霜，可以保护脚部皮肤。

（4）准备笔和本，用于记录排练内容。

（5）准备一个大收纳袋，以便在排练时，将所有个人物品收纳保管起来。

（6）如果在室外排练，需准备防晒霜、遮阳伞。

2.调整状态　排练工作是非常辛苦的，为确保工作当天能保持良好的工作状态，模特在前一天务必要好好休息，否则工作时精神萎靡、反应迟钝，不能快速进入工作状态，既是对工作的不珍惜和不尊重，也是缺少职业素养和敬业精神的体现。

二、排练时的礼仪

1. **积极配合**　一场成功的演出，包含许多不确定因素。排练是整个演出团队合作磨合的过程，无论是在场下，模特管理人员的组织工作，还是在场上，编导的排练要求，模特都应积极配合。如果在展示动作和风格上，编导或设计师提出不同意见，要配合调整，不能过于坚持自己的个性。在排练耗时较长的情况下，也应该保持饱满的工作热情和敬业精神，尽力配合，不要抱怨或者表现出负面情绪。

2. **熟记排练内容**　在每一个系列排练之前，编导会讲解模特上下场位置、出场顺序、行走路线、队形安排、造型位置等，这时一定要专注认真地听取并牢记这些内容，不要漫不经心、交头接耳，以免在排练中出现错误，影响排练进度。编导讲解的内容，最好用纸笔记录下来，以免遗忘。

3. **细心揣摩**　模特的排练不要只局限在舞台上，一场排练，会有多个系列的服装，在舞台上，编导会提出每个系列的表演要求，如线路、位置、把握音乐节奏、场景氛围等，交代清楚后，并不会留太多时间给每一位模特在台上反复练习，这就要求模特在台下要用心揣摩、认真分析每一套服装，体会设计风格及其特点。通常在演出后台会有穿衣镜，模特可以在镜前练习表演技巧，研究推敲怎样运用肢体动作造型，调动相应的表演情绪，形成有品位和格调的演绎风格。

4. **爱护演出服装**　排练期间要细心爱护和保管演出服装，服装穿上身后，不要吃东西或喝水，以免弄脏衣服。不要随意拉扯或蹲坐，以免服装损坏。不要将演出服装穿出排练场外，如去洗手间、外出打电话等。有些衣摆或裙摆长至拖地，要注意只有上舞台的时候才可以将拖摆放下，其他时候应该将拖摆收拢在手里，而不是毫无顾忌地拖地行走，将服装拖脏或拖坏。另外，排练时，模特尽量不化妆，以免服装被脸上的化妆品弄脏。如果化了妆，在穿脱服装时要小心避开脸部，穿脱套头服装时，要戴上头套。每排练完一套服装，模特要尽快把服装归还穿衣助理，或挂回原位。

5. **维护排练环境**　管理并整理好个人物品，不要乱丢乱放；在排练后台，每名模特都会有自己的空间，用于换衣和存放个人物品，不要为图自己方便，挪动或使用他人的物品，占用他人空间；保护排练现场及后台的卫生清洁，不要乱扔垃圾；不要在后台吃食品或喝有色饮料，如果用餐，要到专门的用餐区。用餐结束后，要收拾干净，将垃圾放到垃圾桶或指定位置；不要在排练现场或后台抽烟，既污染空气环境，也容易引发火灾；不要在排练时嚼口香糖，既显得不尊重他人，也显得不够自重，更不要随意吐掉口香糖，容易粘污演出服装。

6. **谦虚敬业**　在工作中，不要以自我为中心，傲慢无礼、趾高气扬，也不要态度冷漠或把个人负面情绪带到工作中；语言文明，在排练现场和后台不要大声喧哗，更不要讲脏话及言语粗俗；尊重他人的劳动成果，也要尊重在场的所有工作人员，包括穿衣助理、催场员、舞美施工人员、安保人员、服务员等；尊重其他模特，不要讥讽或嘲笑他人着装、台步风格等；遇到任何问题，要善意友好地与人沟通；不要以为排练就只是记住行走线路，所以态度散漫，真正敬业和有责任感的模特，在排练中，也是按照演出的标准要求自己，保持饱满的精神状态和展示风格。

三、排练期间注意事项

（1）不迟到，排练是需要集体配合才能完成的工作，不能因为个人的不守时，影响排练进度。

（2）有些服装配有吊牌，如果未经主办方人员同意，不要随意拆除。

（3）不要在换演出服装时为节省时间或图方便就穿着鞋，很容易弄脏或损坏服装。

（4）排练时，不要带家人或朋友到现场，如有特殊原因，要事先和模特管理人员沟通。

（5）演出排练，是按照每一个系列进行的，即使是在等候期间，也不要擅自离场，以免排到与自己相关的系列时造成人员不齐，耽误大家时间。

（6）如果有外国模特同台表演，在排练和交往时要注意尊重其国家及民族文化。

（7）爱护演出设备和公共设施，不要随便坐在音箱、灯箱或工具箱上。

（8）注意举止得体，即使是在休息时，站姿、坐姿不要过于随意或放肆。

（9）等候排练时，不要戴耳机听音乐或玩游戏，以免听不到组织人员的指令。

（10）不要在候场或休息期间，与其他模特成群结伙、交头接耳或议论他人。

（11）有些演出，会配备一些道具，不宜擅动，避免损坏，影响演出正常进行。

第八节　演出礼仪

一、演出前礼仪

1. 化妆

（1）正式演出前会有专业的化妆师为模特化妆，通常会有专职的模特管理人员负责组织安排模特进行这项工作。模特应该积极配合管理，自觉、按时地完成化妆造型。

（2）不要故意向后拖延化妆，也不要挑选化妆师或插队化妆，以免扰乱化妆秩序，影响化妆进度。

（3）模特可以自备隔离霜和粉底液，在化妆前涂好隔离霜，以保护皮肤。如果想用自己的粉底液，要先征得化妆师同意。

（4）化妆师的化妆品是给多人使用过的，如果自己是易过敏肤质，要告诉化妆师，与化妆师商议能否可以使用自己带的化妆品，一定不能流露出嫌弃的表情或语气，挑剔化妆师的化妆用品。

（5）不要擅自使用化妆师或其他模特的化妆用品。

（6）要考虑演出时整体模特的妆容效果，不要在化妆时过分强调突出自己的个人特点。

（7）尊重化妆师的劳动成果，爱护造型、妆发，不可在化妆后擅自改妆，如果对化妆有不满意的地方，不要抱怨指责，而应礼貌地与化妆师商议修改，但不要指手画脚，吹毛求疵，指挥化妆师。

（8）在其他模特化妆完毕后，不要非议、嘲笑或点评其化妆效果。

（9）模特化妆造型要符合设计作品的风格，有时难免造型会比较夸张复杂，模特不应抱怨或有任何抵触情绪。

（10）化妆时，模特应注意身体姿态端庄，不要过于慵懒或有不雅举止，如跷二郎腿、把脚搭在梳妆台上等，也不要一直低头看手机。

2. 演出前准备

（1）演出之前模特应认真检查并确认自己演出服装的挂放位置，包括套数、配饰等，挂放和摆放务必要符合演出既定的顺序，避免演出中穿搭错误。检查过程中，发现有任何缺失或损坏等问题，应立即和组织人员沟通解决。另外，要将演出用鞋及鞋底擦干净，避免将灰土带上舞台。

（2）演出时，模特要快速换衣，为了不因换装时间不足影响上台，要提前做演出服装的整理预备工作，避免演出时忙中出错，尽量为演出换装节省时间，使演出可以更加从容顺利。可先把服装拉链拉开、扣子解开。如果有领带和围巾，可提前扎好宽松的结扣，鞋和配饰要排列整齐，摆放要易穿戴。对于换装时间较为紧张的服装，提前告知换衣助理，以便演出时彼此配合快速的换装，避免耽误上场。

（3）演出前应提前去洗手间，避免在演出期间为此耽误时间。不要穿演出服去洗手间，以免弄脏衣服，更不要在观众入场后穿演出服去观众使用的洗手间。在演出前半小时内，是观众入场时间，这时模特即使没穿演出服，但化妆造型也已经做好，是不应出现在观众视野中的。有些模特带着妆容，甚至穿着演出服装到场外接亲人、朋友入场，这是很不专业的表现。

（4）正式演出前，模特管理人员会通知大家开始换装，这时要动作迅速并从容的换好服装，准备候场。

（5）不要按照自己对穿着服装的理解和喜好，改变演出服装穿着的造型结构，要遵守设计师的要求。

（6）穿上演出服装后，模特只能站立、不能坐、蹲或弯腰屈膝，也不要在换好服装后随意倚靠墙或其他地方，以免损伤服装或使服装出现褶皱。严禁穿着演出服吸烟、吃食物、喝水，要严格的保护服装。

（7）有些模特换装后拍照留念，要注意不能拍到正在换装的其他模特，更不能把这样的照片发布到网络上。如果设计师或编导要求不许拍照，一定要服从管理。

（8）上场前，模特要再次确认上场次序，避免出错。

（9）观众入场后，模特在演出后台应该始终保持安静，手机调成静音，不要让前台观众听到后台嘈杂混乱的声音。

二、演出中礼仪

（1）在舞台上，模特要有协作精神，与同台模特共同展示时，在队形、站位、行走速度等方面要按照排练要求完成并彼此配合，不能为了突出自我，就擅自改变演出形式，如增加肢体动作、故意加快或放慢行走速度等。

（2）换装时动作要既迅速又轻柔，以免损坏服装，不能为了赶时间将换下的衣服扔在地上，甚至践踏，要简单整理并及时交还给穿衣助理。换装时万一找不到自己的服装、配饰等，要冷静下来，请穿衣助理帮忙共同找寻，而不要趁乱穿走其他模特的衣物、配饰，制造新的混乱。

（3）换好服装后要马上到台口候场，不要让后台工作人员一再催促。如果两套服装演出间隔时间较长，也不要放松精神，转移注意力，与他人聊天或玩手机游戏等，这既容易因专注度不够，听不到催场人员指令而耽误上台，也会使状态松懈，再次登台表演时不能达到最佳状态。

（4）演出工作是在高效紧张的氛围下进行的，不要因一些小事而与其他模特或工作人员发生冲突，遇到任何问题，要冷静文明的解决。

（5）候场时，应该迅速检查着装是否还存有问题，如是否有吊牌、内衣肩带露出，服装上是否有线头、灰尘等，以及着装的一些细节是否存在问题。候场要安静并调整出自己的最佳状态，随时准备听取指挥人员的指令。

（6）在台上精神饱满、优雅自信。一旦出现错误，如走错路线或站错位置，要不露痕迹的调整，如来不及改正就将错就错，设法不引起观众的注意。如遇滑倒、掉鞋等突发情况，要从容应对并尽快恢复状态，继续将演出完成。

（7）不要在后台大声喧哗，有任何问题需要与他人沟通，要尽可能压低音量。

（8）在谢幕环节中，设计师出场时，模特应该共同鼓掌表示祝贺，掌声要真诚热烈，而不是敷衍懈怠。有些演出结束后，主办方会邀请嘉宾上场与模特、设计师合影，这时不要表现出不耐烦或提前下场，应该善始善终。

三、演出后礼仪

（1）演出结束后，应该协助穿衣助理整理好自己演出的服装。离开时，除了检查自己所有物品不要遗落，还要带走自己附近的垃圾。

（2）演出结束后，向编导、设计师及工作人员等表示真诚的感谢并礼貌的告别，是十分必要的，因为这不仅是礼仪之举，也会给自己未来职业发展创造更多的机会。

（3）演出结束后，要关注并收集媒体发布的演出照片、视频，积累自己的演出资料。另外也要从照片、视频中发现自己的不足，做出相应调整，进步提高自己的专业水平。

四、演出注意事项

（1）模特参加演出，应确保自己仪容洁净，头发干净清爽，便于化妆师为自己做造型。

（2）如果演出服装中有无袖服装，要在演出前一天，清除腋毛。男模特还要注意剃须、修剪鼻毛等。

（3）指甲整齐平滑，不涂抹彩色指甲油。

（4）演出前一天要好好休息，不能熬夜，否则容易出现眼睛布满血丝、眼神无光、黑眼圈、有下眼袋、面色灰暗，或状态萎靡不振、精神不够饱满，这些都会严重影响演出效果。

（5）秋、冬季参加演出时，应提前擦一些身体乳液，避免因皮肤干燥，穿着演出服时产生静电，或在演出时因外露的皮肤干燥粗糙影响美观。

第九节　拍摄礼仪

拍摄是模特工作中的一项重要内容，无论是企业产品的广告宣传拍摄、设计师作品拍摄、摄影师创作拍摄，还是模特卡片拍摄，模特都应该认真对待，体现应有的职业素养和文明的礼仪修养。

一、拍摄前准备

（1）提前了解拍摄主体和风格，最好能与摄影师提前沟通，了解拍摄过程及拍摄要求，提前做相应准备，使拍摄能够快速高效。

（2）拍摄要确保仪容干净整洁，前一晚或当天早晨要洗头洗澡。为确保拍摄效果，应提前几天就注意做皮肤的护理。拍摄前要好好休息，以确保拍摄状态饱满。另外，前一天晚上不要过量饮水，否则眼部及脸部容易出现水肿。

（3）提前了解拍摄地点、时间，计划好出行方式，出门要尽早，提前到场。如果是户外拍摄，提前了解天气情况，并做相应准备。

（4）提前与拍摄负责人员沟通，需要提前准备哪些个人物品，是否有自备服装、内衣、高跟鞋等要求，然后按照要求准备并确保衣物整洁。如果是拍摄夏装，尤其是露肩的服装，应穿着无肩带的内衣，并提前清除腋毛。

二、拍摄时的礼仪

（1）守时：拍摄往往是提前计划好的，如果是室外拍摄，摄影师是要结合不同时间段天空光线的情况，达到计划要拍摄的效果；如果是室内拍摄，往往是按照使用摄影棚的时间交付租金费用。所以，模特一定不能迟到。另外，守时也体现模特对摄影师及其他工作人员的尊重。当然，守时更是一名模特的基本职业素养。

（2）爱护物品：拍摄中，爱护所有拍摄道具与物品，对拍摄服装的具体爱护方式，可参照试衣、排练中内容。

（3）调整状态：拍摄时，不要过于拘谨，应主动与摄影师沟通，尽快了解拍摄要求。拍摄是需要做许多筹备工作的，如主题确定、布景、场地预订等，所以模特不能因为自己的状态不佳影响拍摄进度。要学会尽快放松精神和身体，保持愉悦的情绪。可以通过放松呼吸，脑海中映像与拍摄主题相关的风格画面，或听相应风格的音乐，这些都有助于模特快速进入拍摄状态。

（4）克服困难：不要对摄影师拍摄方式或场地、服装等有任何挑剔性表现。拍摄时如果遇到困难或问题，要及时调整、克服，不要情绪化，更不要因此就消极被动地应付拍摄，影响拍摄的正常进行。例如，外景拍摄时，即使遇到恶劣的天气也要尽力克服不适，调整并保持最佳的拍摄状态；拍摄时间较长或超出计划的时长，不要有抱怨，尽力保持状态，配合完成工作；有时摄影师会设计高难动作让模特完成，以达到作品的特殊创意效果，模特应在自己身体条件允许的情况下尽力配合去完成。

（5）注意沟通：利用拍摄休息的时间，模特可以和摄影师商议，看一看前面拍摄的照片，与摄影师共同分析拍摄效果，清楚如何表现能够更好地完成后面的拍摄。如果对照片不满意，不要否定摄影师的拍摄技术，应婉转地表达自己的建议，如希望摄影师拍什么角度，或希望被拍成什么风格等。但一定要注意沟通的方式，应体现对摄影师的尊重，而不要试图成为主导者。摄影师有自己的视角和审美观点，如果摄影师坚持自己的拍摄方式，模特应该愉快接受并积极配合。

三、拍摄后的礼仪

（1）拍摄结束后应该整理所有拍摄道具、服装等，与工作人员清点并交接。自己的物品不要遗落，并随身带走垃圾。

（2）离开拍摄场地时，要向摄影师及其他相关工作人员表示感谢，并礼貌告别。

（3）可与摄影师沟通，申请留存一份经过后期修理的照片。收到照片后如果要发布到媒体上，做自我宣传，一定征得相关人员的同意，避免日后产生纠纷，这既是对他人劳动成果的尊重，也是自己职业素养的体现。

第十节　参赛礼仪

　　模特大赛的举办目的是为了选拔优秀人才，作为一名想要参赛的模特，应根据自身的优势、特点选报适合自己的比赛，通过比赛使自己得到锻炼和发展机会。作为一名参赛选手，应处处在比赛中体现自己良好的风度和文明的礼仪。

一、比赛前的礼仪

　　1. **报名参赛**　模特在决定参加一个比赛前，应该先了解大赛的性质、举办机构、是否与参赛选手有签约规定等。如需签约，要了解签约内容，并了解过去已签约模特的推广情况。参赛报名应提交相应材料，对于提交的个人形体数据应如实填报，不可过分夸大。如需提交视频或照片，拍摄时不要浓妆艳抹，着装不要过于复杂，要能看清五官形象及形体比例。

　　2. **准备及报到**　经过大赛主办方对报名资料的审核后，对符合参赛资格的选手会发参赛通知。模特收到参赛通知后，要按照通知的内容进行相应准备，并按时报到。报到后，要严格按照主办方的工作流程完成所有赛事活动事项。作为参赛选手，要了解的是，无论哪种类型的模特大赛，个人最终比赛成绩并不是取决于正式比赛的那一刻，而是参赛全过程累计的结果，选手日常的一切表现，包括从报到那一刻开始，每一次与工作人员的接触、与参赛选手的相处、培训、拍摄、排练以及任何其他工作环节的表现等，都与最终成绩息息相关，也都可能会影响最终结果。

　　3. **赛前培训**　由于报名参赛的选手在舞台经验上，水平良莠不齐，所以，主办方一般会对参赛选手进行为期几天的集中培训，培训期间，课程安排会比较密集，选手应在此期间认真学习，努力提升自身参赛水平。培训期间，也是选手之间或选手与工作人员相互了解、促进友好关系的重要时期。

　　4. **赛前拍摄**　在比赛前，主办方往往会为选手拍摄用于宣传及制作比赛选手画册的照片，评委对选手的初步了解往往来源于这本画册，因此选手一定要注意自己在镜头前的状态及表现力，将自身的优势充分发挥展现出来。

　　5. **试衣**　模特大赛通常会有多个环节，并展示不同风格的服装，所以要经过试衣。在分配服装时，作为选手不可擅自挑选服装。关于试衣应注意的事项，可参考本章试衣礼仪的内容。

　　6. **排练**　为了保证大赛最终呈现的完美效果，编导要组织模特进行多次排练，过程往往会很辛苦。作为选手应积极配合排练，不可以表现出不耐烦或抵触的情绪，尽快熟悉比赛各环节，完成所有要求的内容，并通过排练不断完善自己在舞台上的表现。在排练颁奖环节时，要牢记所有奖项获奖者的站位，确保正式比赛时如果自己获得任何奖项，都不会出现站位错误。

7. **评委面试**　正式比赛前，主办方往往会组织评委对选手进行面试，这是为了使评委对选手能有更全面的了解，选手一定要重视这个环节，因为面试的结果会对最终比赛成绩起到非常大的影响作用。面试内容，除了包括参赛选手的形体展示、台步展示、才艺展示等，往往还有口试环节。这时，参赛选手要注意口齿清晰，语速和音量适中，姿态文雅大方。为了增添语言的魅力，可以表现得机智、幽默，使面试增加轻松愉快的气氛，给评委留下良好的印象。回答问题时，要面带微笑，既可消除自己的紧张，也会增进与评委沟通的效果。

二、比赛中的礼仪

1. **遵守参赛规则**　在比赛期间要严格遵守规定，倡导公平、公正，做到不搞任何贿赂行为，靠个人专业水平的发挥来赢得比赛、赢得尊重。不违反排练及比赛规定，不中途退赛；不损坏公共设备，不干扰比赛，不与其他选手发生冲突。

2. **听从指挥**　在比赛时，应服从组织人员的指挥。谦虚有礼的对待每一位工作人员。如与他人发生摩擦，应该体现礼让尊重。比赛过程中发生任何意外，应立即报告相关负责人员。

3. **比赛状态**　在比赛中，保持心态平和、情绪平稳，迅速进入比赛状态，注意力要高度集中，全身心投入比赛。按照比赛的既定流程，逐步发挥自己应有的水平；管理好自己的比赛服装、饰品，以及自己的随身物品，确保比赛顺利进行；尊重其他参赛对手，不相互打击，应相互鼓励。

三、比赛后的礼仪

作为一名参赛选手，应该理性对待比赛结果。无论结果如何，都要注意自身良好的风范，具有一个有风度、有魅力的良好形象。如果比赛成绩没有达到自己的预期时，要控制情绪，不要敌对其他获奖选手，更不要做出无礼的举止，应真诚的给予道贺，体现大度宽广的胸怀。如果自己获得好成绩，不要沾沾自喜，得意忘形，应谦虚答谢他人的祝贺。

第十一节　接受采访礼仪

作为一名模特，有时要接受记者的采访，面对媒体应注意言行举止，懂得接受采访的礼仪。

一、采访前准备

首先，了解采访媒体的性质，是全国性媒体，还是地方性媒体，是传统的报纸、杂志、广播、电视，还是互联网媒体，其影响力如何。采访方式是什么，是电话采访，还是面对面采访，针对不同的方式，做相应的准备。其次，了解采访主题是什么，采访会围绕哪些话题进行提问，采访会持续多长时间，了解媒体受众，以及采访记录会被怎么使用。另外，要了解采访记者的采访目的，如果是调查性报道记者的采访，要谨慎应对，避免因不慎，成为媒体的负面新闻。清楚以上内容后，要有针对性的做好充分准备。组织好回答内容后，可以自己进行几遍演练，避免采访时生硬刻板、照搬原话、机械地回答。采访前，为自己准备得体的服装。

二、采访的礼仪

1. **语言**　在接受采访时要注意适度改善自己的语音、语调，但要自然大方，不能拿腔作调。说话语速适中，节奏平稳。太快的语速会给人仓促，急于结束的感觉。语言代表了自己的形象，要将自己的性格和特点表现出来。回答问题要简明扼要，避免话多失言，但不能惜字如金，只回答"是"或"不是"。如果遇到不便回答的问题，可以机智、幽默地回避。对于记者提出尖锐的问题，一时无法问答，可以直言相告："对不起，这个问题我无法回答"。避免回答假设性问题，例如"如果……会怎么样"之类的问题，只讲事实，不在回答问题时，去做出任何的推测。明确自己不能说的话，如私人问题或者商业秘密等。

在接受采访中，尽量使语气放松随意，像"日常对话"一样，但不要说话大大咧咧、摇头晃脑，不时做小动作，说口头禅等，避免得意忘形。

2. **身体姿态**　身体挺拔，尤其上身保持正直，但不要显得僵硬呆板。如果是坐着接受采访，上体可以稍微向前倾，显得自然，并且兴致很高。手势运用要少，并要恰到好处。面带微笑、热情、大方，避免表情僵硬、态度冷漠。视线应该平视镜头，就像看着采访者的眼睛，视线向下会给人高傲的感觉，视线向上会给人不自信的感觉。眼神不要东张西望，频繁转换视线。

采访中，不要出现不雅观的举止，应本着礼貌、端庄的原则。在采访中，即使和记者沟通不畅，也不能和记者发生冲突，更不能对记者进行言语上的攻击。

三、采访后

接受完采访，还要做好总结，总结包括：采访中有无不当言谈和举止；有无表达清楚自己的主要思想；总结报道发布后的效果，看报道有无不实，如有不实要立刻联系记者，请求更改；总结采访流程，有无改进的地方。

通过采访后的总结，发现采访中出现的问题，为下次的采访提供范本，提升自己应对采访的能力。

思考与练习

1. 请简述接打电话注意事项。

2. 请简述书信的构成。

3. 请简述使用网络的基本礼仪。

4. 如何选择参加面试的服装？

5. 请简述模特试衣时的礼仪内容。

6. 请简述排练期间注意事项。

7. 请简述演出前化妆的礼仪内容。

8. 请简述比赛后的礼仪。

9. 请简述接受采访前的准备内容。

参考文献

［1］田学斌.文化的力量［M］.北京：新华出版社，2015.

［2］向怀林，杨家俊，等.中国传统文化要述［M］.重庆：重庆大学出版社，2016.

［3］崔晓文.人际沟通与社交礼仪［M］.北京：清华大学出版社，2014.

［4］郑强国，宋常桐，等.公共关系与现代礼仪［M］.4版.北京：清华大学出版社，2016.

［5］朱力.商务礼仪［M］.北京：清华大学出版社，2016.

［6］张岩松.职业形象设计［M］.北京：清华大学出版社，2015.

［7］李登年.中国宴席史略［M］.北京：中国书籍出版社，2016.

［8］姜钧.礼仪知识大全集［M］.北京：外文出版社，2012.

［9］杨中碧，马丽娜.礼仪与文化［M］.北京：清华大学出版社，2016.

［10］吕彦云.现代实用礼仪［M］.北京：清华大学出版社，2014.

［11］余柏.实用礼仪全书［M］.北京：北京工业大学出版社，2012.

［12］刘民英.商务礼仪［M］.上海：复旦大学出版社，2014.

［13］马庆霜.公共关系实训［M］.北京：北京理工大学出版社，2013.

［14］沈春娥.大学生社交礼仪［M］.北京：中国文联出版社，2017.

［15］博斯特.礼仪：你不可不知的礼仪常识大全集［M］.会梁，译.北京：新世界出版社，2012.

［16］戴尔·卡耐基.卡耐基：人际关系与说话艺术［M］.陈礼，译.北京：海潮出版社，2014.

［17］罗莎莉·马吉欧.说话的艺术［M］.正林，王权，译.长沙：湖南人民出版社，2014.

［18］多罗茜·利兹.美国最权威演讲与口才［M］.颜秋静，译.北京：北京联合出版公司，2013.